Namrata Chouhan
Ekta Joshi
Neelam Singh

O nosso clima em mudança

Namrata Chouhan
Ekta Joshi
Neelam Singh

O nosso clima em mudança

Uma visão: "Impactos no amendoim e o futuro da sua sustentabilidade"

ScienciaScripts

Imprint

Any brand names and product names mentioned in this book are subject to trademark, brand or patent protection and are trademarks or registered trademarks of their respective holders. The use of brand names, product names, common names, trade names, product descriptions etc. even without a particular marking in this work is in no way to be construed to mean that such names may be regarded as unrestricted in respect of trademark and brand protection legislation and could thus be used by anyone.

Cover image: www.ingimage.com

This book is a translation from the original published under ISBN 978-620-7-45372-6.

Publisher:
Sciencia Scripts
is a trademark of
Dodo Books Indian Ocean Ltd. and OmniScriptum S.R.L publishing group

120 High Road, East Finchley, London, N2 9ED, United Kingdom
Str. Armeneasca 28/1, office 1, Chisinau MD-2012, Republic of Moldova, Europe
Printed at: see last page
ISBN: 978-620-8-03533-4

Conteúdo

RECONHECIMENTO

Agradeço a Deus Todo-Poderoso por me ter dado esta oportunidade de expressar a minha sincera gratidão à minha orientadora e Presidente do Comité Consultivo. Dra. Ekta Joshi, cientista, faculdade de agricultura, Gwalior (M.P.), pela sua orientação inspiradora e encorajamento constante ao longo da investigação e da redação deste manuscrito.

Estou *profundamente grato ao Co-Presidente Dr. D.S. Sasode e aos membros do meu comité consultivo, nomeadamente Rajni Singh Sasode, Cientista do Departamento de Patologia Vegetal, Dra. Amita Sharma, Professora Assistente, Departamento de Ciências Ambientais, Dra. Shushma Tiwari, Cientista, Departamento de Biotecnologia, Faculdade de Agricultura, Gwalior (M.P.) pelas suas preciosas sugestões e encorajamento. Os meus sinceros agradecimentos ao Dr. S.K. Rao, Vice-Chanceler, ao Dr. A.K. Singh, Diretor de Instrução, Rajmata Vijayaraje Scindia Krishi Vishwa Vidyalaya, Gwalior, e ao Dr. J.P. Dixit, Reitor da Escola Superior de Agricultura de Gwalior, por terem disponibilizado as instalações necessárias durante o inquérito.*

Devo uma profunda e eterna gratidão ao meu pai, Shri Karan Singh Chouhan, e à minha mãe, Smt. Malti Bai Chouhan, pelo seu apoio e encorajamento. Quero também exprimir os meus profundos sentimentos pelo meu irmão Chaitanya Singh Chouhan e pelos meus primos que me conduziram até esta fase e cujo amor, devoção, bênção e carinho ao longo da minha vida me permitiram alcançar este objetivo aparentemente invencível.

Um agradecimento especial aos meus amigos séniores Neelam Singh, Roopsingh Dangi, Sudeep, Neelesh Raghuwanshi e aos meus amigos Jagat Pratap Singh Dangi, Palak Dongre, Monika Verma, Chitrangda Parihar, vishv Pratap Dangi e aos meus jovens Vandana Dhurve e Ashvi Sharma pelo seu apoio moral e cooperação.

Local - Gwalior (Namrata Chouhan) Data

CAPÍTULO 1

INTRODUÇÃO

Acredita-se que o amendoim (Arachis hypogaea L.), "rei das culturas oleaginosas", seja originário do Brasil (América do Sul). É cultivado nas regiões tropicais, subtropicais e temperadas quentes do mundo. O amendoim é também designado por noz-maravilha, castanha de caju dos pobres, noz de macaco e localmente designado por "moongphali". O amendoim é uma das culturas de rendimento mais importantes do nosso país. É um produto de baixo preço, mas uma fonte valiosa de todos os nutrientes. Pertence à família Fabaceae (também conhecida como Leguminosae) e à subfamília Papilionaceae.

A forma cultivada do amendoim foi classificada em dois grandes grupos, nomeadamente o tipo Valentia ou espanhol (Arachis hypogaea sub spp. fastigiata) e o tipo Virginia (Arachis hypogaea sub spp. hypogaea). O amendoim é um dos que armazenam mal as sementes. O armazenamento das sementes após a colheita até à época de cultivo seguinte, sem prejuízo da sua qualidade, é de importância primordial para o êxito da produção de sementes. Sendo uma cultura oleaginosa, as sementes de amendoim têm uma vida curta e perdem rapidamente a viabilidade em condições ambientais. O envelhecimento das sementes de amendoim leva ao aumento da peroxidação lipídica e à diminuição da atividade de vários radicais livres e de enzimas que eliminam o peróxido (Rao et al., 2006). As sementes de amendoim são mais sensíveis às condições de armazenamento, como a temperatura elevada, o elevado teor de humidade das sementes e a exposição à luz. A perda qualitativa das sementes pode ser atribuída a alterações bioquímicas nas proteínas, hidratos de carbono, ácidos gordos e vitaminas. A taxa de envelhecimento depende principalmente do genótipo, da humidade e da temperatura.

O amendoim ocupa uma área de 26,5 milhões de hectares no mundo, com uma produção média anual de 37,5 milhões de toneladas métricas e uma produtividade de 1348 kg/ha. A China é o maior produtor e consumidor de amendoim do mundo, produzindo 166,24 lakh toneladas de amendoim, seguida da Índia (68,57 lakh toneladas), da Nigéria (30,28 lakh toneladas) e dos Estados Unidos (25,78 lakh toneladas). A Índia representa 19% da superfície mundial e 9% da produção mundial de amendoim. De acordo com as quartas estimativas avançadas do Governo da Índia, a produção de amendoim foi estimada em 91,8 lakh toneladas (2017-18).

O Madhya Pradesh representa 5,18% da área total e 5,17% da produção total da Índia. Cultiva cerca de 0,24 milhões de hectares e produz cerca de 0,35 milhões de toneladas de amendoim com uma produtividade anual de 1483 kg/ha (Direção de Economia e Estatística, DAC & FW, 2019).

As sementes de amendoim, particularmente valorizadas pelo seu teor de proteínas (26%), são uma importante fonte de óleo e proteínas e bastante ricas em cálcio, ferro e complexos de vitamina B, como tiamina, riboflavina, niacina e vitamina A. Os grãos contêm cerca de 40-50% de óleo, 26-28% de proteínas, 10-20% de hidratos de carbono, 2,3% de cinzas e 6% de água, para além de vitaminas e minerais. O seu óleo contém uma maior proporção de ácidos gordos insaturados, incluindo ácidos gordos essenciais como os ácidos linolénico e linoleico (Desai et al., 1999). Não é apenas utilizado como óleo comestível, mas também no fabrico de sabão, cosméticos, creme de barbear, lubrificantes, etc.

Cerca de 90% da produção mundial de amendoim é efectuada em regiões tropicais e semi-áridas. Prevê-se que as alterações climáticas futuras conduzam a um aumento da concentração de CO_2 na atmosfera. Devido às alterações climáticas, a produção de sementes oleaginosas diminuiu 13,7% e registou uma taxa de crescimento negativa de 14% em relação à estação correspondente do ano anterior. Devido à queima de combustível fóssil e à desflorestação, a concentração de CO_2 troposférico tem vindo a aumentar progressivamente de cerca de 280 µmol/mol no início da revolução industrial para 411 µmolZmol. entre 2030 e 2052, a concentração de CO_2 atmosférico deverá atingir 450-600 µmolZmol se continuar a aumentar ao ritmo atual. Assim, a compreensão dos seus efeitos sobre as culturas, os microrganismos e o solo é crucial para prever a resposta futura das plantas e dos microrganismos, a fim de manter uma maior produtividade das principais culturas, como o amendoim. O aumento global em curso do CO_2 atmosférico pode afetar várias caraterísticas fisiológicas e morfológicas, que subsequentemente influenciam o crescimento das plantas, o rendimento, a fotossíntese e a biomassa abaixo do solo. O aumento do rendimento é frequentemente acompanhado pela deterioração da qualidade dos produtos em condições de CO_2 elevado. Os impactos do CO_2 elevado nas enzimas do solo

têm merecido grande atenção nos últimos anos. Mas apenas alguns estudos encontraram provas de que as actividades enzimáticas específicas são direta e/ou indiretamente afectadas pelo CO_2 elevado (Kang et al., 2005; Ebersberger et al., 2003; Henry et al., 2005).

Os resultados das experiências em câmaras de topo aberto (OTC), enriquecimento de CO_2 ao ar livre (FACE) e aumento da temperatura ao ar livre (FATE) indicaram que concentrações elevadas de CO_2 resultaram numa maior produção de biomassa em trigo, amendoim, girassol, cebola, tomate, coco, cacau, rícino, batata-doce e areca.

Mais de duas décadas de estudos sobre os efeitos do enriquecimento de CO_2 melhoraram consideravelmente a nossa compreensão dos processos vegetais acima do solo (Drake et al., 1996; Baker 2004; Ainsworth 2008). No entanto, existe comparativamente pouca informação disponível sobre os impactos do enriquecimento de CO_2 nos processos subterrâneos (Lipson et al., 2006). Por conseguinte, são necessários estudos para melhorar a nossa compreensão das interações clima-solo-cultura-micróbio e prever os impactos do CO_2 elevado no crescimento, rendimento e qualidade das culturas e nas actividades enzimáticas do solo em condições de campo próximo. O objetivo geral deste estudo era melhorar o nosso conhecimento do desempenho do amendoim sob níveis elevados de CO_2. O presente estudo sobre "Produtividade, qualidade e fertilidade do solo do amendoim com níveis elevados de dióxido de carbono" foi realizado utilizando os OTCs com os seguintes objectivos

- Avaliar os impactos do dióxido de carbono elevado no crescimento e no rendimento dos genótipos de amendoim.

- Avaliar os impactos do dióxido de carbono elevado na qualidade e nas actividades enzimáticas do solo de genótipos de amendoim.

- Elaborar a economia dos tratamentos.

CAPÍTULO 2
REVISÃO DA LITERATURA

A revisão da literatura sobre aspectos importantes relacionados com a "produtividade, qualidade e fertilidade do solo do amendoim (Arachis hypogaea L.) com dióxido de carbono elevado" foi apresentada neste capítulo. Foi feita uma tentativa de citar o máximo de literatura possível sobre a cultura do amendoim, mas em áreas onde não existe uma revisão suficiente sobre a cultura em causa ou sobre diferentes níveis de CO_2, foram também incluídos trabalhos semelhantes sobre outras culturas.

PARÂMETROS DE CRESCIMENTO

Baker et al. (1989) relataram que os efeitos positivos de uma temperatura crescente na resposta da soja ao eCO_2.

Clifford et al. (1993) verificaram que o CO_2 elevado aumentava a taxa fotossintética do amendoim em diferentes regimes de humidade do solo.

Clifford et al. (1993) estuda em condições de regadio, a taxa máxima de fotossíntese líquida do amendoim aumentou até 40% com CO_2 elevado (700 ppm) em comparação com o CO_2 ambiente. Isto também foi acompanhado por um aumento na eficiência do uso da luz (LUE) para a produção de biomassa em 30%, de 1,66 para 2,16 g MJ-1 em CO_2 elevado. Quando não houve irrigação após 35 DAS, o aumento da LUE foi de 94%, de 0,64 para 1,24 g MJ-1 em CO_2 elevado.

Samarkoon et al. (1996) referiram que os entrenós jovens do milho se alongavam até 170% mais, dando origem a plantas mais altas, e referiram ainda que o aumento do crescimento se devia em grande parte a uma taxa média de assimilação líquida mais elevada, indicando que a fotossíntese respondia melhor a um CO_2 elevado.

Drake et al. (1997) descobriram que o principal efeito da resposta das plantas ao aumento do CO_2 atmosférico (Ca) é aumentar a eficiência da utilização dos recursos. O Ca elevado reduz a condutância estomática e a transpiração e melhora a eficiência da utilização da água, ao mesmo tempo que estimula taxas mais elevadas de fotossíntese e aumenta a eficiência da utilização da luz.

Ewajach et al. (1999) estudaram as taxas de crescimento absoluto e relativo dos rebentos líderes. Durante a primeira estação de crescimento com enriquecimento de CO_2, as taxas médias semanais de crescimento relativo durante a estação de crescimento (RGR m) foram significativamente aumentadas. Durante o segundo ano, a RGR m em CO_2 ambiente aproximou-se da RGR m em CO_2 elevado.

Medlyn et al. (1999) Os parâmetros estudados são habitualmente utilizados na modelização da fotossíntese e incluem as taxas fotossintéticas saturadas de luz observadas (Amax), a taxa potencial de transporte de electrões (Jmax), a atividade máxima da Rubisco (Vcmax) e a concentração de azoto nas folhas com base na massa (Nm) e na área (Na). Em todas as experiências, a fotossíntese saturada de luz foi fortemente estimulada pelo crescimento em CO_2 elevado.

Rao et al. (1999) estudaram as interações do CO_2 e da temperatura no crescimento e desenvolvimento do amendoim (cv. TMV 2) utilizando câmaras de topo aberto. o CO_2 elevado não alterou significativamente o número total de folhas, no entanto, a área foliar e o peso das folhas foram mais elevados com CO_2 elevado do que com CO_2 ambiente. Não houve interação entre CO_2 e temperatura para o número de folhas por planta.

Schortemeyer et al. (2002) relataram que o CO_2 elevado aumentou a taxa de fixação de azoto por unidade de massa de nódulo e tempo, mas isto foi completamente compensado por uma redução na massa de nódulo por unidade de massa de planta.

Ainsworth et al. (2003) referiram que a fixação simbiótica de N2 pelas leguminosas tem sido considerada como o fator mais influente que afecta a absorção de N pelas plantas e a produtividade em condições de eCO_2.

Nowak et al. (2003) estudaram experiências FACE que indicam um aumento simultâneo da fotossíntese e uma redução parcial. Além disso, a maioria das espécies herbáceas reduziu o teor de azoto (N) foliar sob CO_2 elevado e, portanto, apenas um aumento modesto de uma rede, enquanto a maioria das espécies lenhosas teve poucas alterações no N foliar com CO_2 elevado, mas um aumento maior de uma rede.

Prasad et al. (2003) referiram que a condutância estomática e as taxas de transpiração aumentavam significativamente com o aumento da temperatura e diminuíam com o aumento da concentração de CO_2. Na gama de temperaturas de 32/22 a 44/34 °C, a condutância estomática aumentou linearmente em 0,12 e

0,04 mol m-2 s-1 e a transpiração em 1,4 e 0,8 mmol m-2 s-1 com cada °C de aumento na temperatura, tanto com CO_2 ambiente como elevado, respetivamente. A interação entre a temperatura e o CO_2 também foi significativa (p = 0,08) para estes processos.

Poorter et al. (2003) verificaram que, tanto em condições controladas como em condições de campo (FACE), o impacto do CO_2 elevado no crescimento, desenvolvimento e rendimento das plantas resultou num aumento do comprimento dos rebentos, conduzindo a um subsequente aumento da biomassa, tanto nas plantas cultivadas como nas espécies arbóreas.

Ainsworth et al. (2004) referiram que as espécies de leguminosas, os genótipos noduladores ou fixadores de N, são mais sensíveis ao CO_2 elevado do que os não fixadores.

Long et al. (2004) investigaram que o CO_2 elevado (eCO_2) pode promover as taxas fotossintéticas líquidas das plantas e, por conseguinte, a produtividade e o rendimento das plantas.

Seneweera et al. (2004) verificaram que o número de folhas e o alongamento das folhas aumentaram substancialmente em condições de enriquecimento de CO_2 em muitas plantas cultivadas.

Ainsworth et al. (2005) referiram que as leguminosas, sendo mais sensíveis ao CO_2 elevado do que outras plantas, terão uma vantagem competitiva quando cultivadas sob CO_2 elevado.

Erice et al. (2005) verificaram que a fotossíntese foi estimulada pela elevação de CO_2 e resultou em maior acúmulo de matéria seca durante o período de crescimento. A maior tolerância à seca (maior crescimento) observada durante o período de rebrota pode estar relacionada à maior massa e maiores reservas acumuladas nas raízes das plantas.

Haque et al. (2005) investigaram o aumento da altura da planta e da área foliar em todos os genótipos. A concentração elevada de CO_2 também aumentou significativamente o número de vagens por planta e o tamanho das sementes, embora o efeito sobre o número de sementes por vagem não tenha sido apreciável.

Haque et al. (2006) verificaram que o PN mais elevado foi observado nas folhas sob EC do que nas folhas noutras duas condições de crescimento. Considerando o estádio de crescimento, o PN foi mais elevado na floração, tendo diminuído na parte final do crescimento devido à degradação do teor de Chl e N da folha. Sob EC foi

40,02 μmol m-2 s-1 na floração e reduziu-se para apenas 14,77 μmol m-2 s-1 na fase de maturação. O efeito benéfico da EC no aumento do PN foliar pode ser mantido através da aplicação de uma dose extra de azoto nas fases posteriores do crescimento da planta.

Vanaja et al. (2006) concluíram que o CO_2 elevado aumentou os pesos secos totais em 41% (irrigação) e 31% (stress) aos 28 DAS. As respostas do peso seco da folha, do caule e da raiz também foram positivas e significativas com CO_2 elevado, tanto em condições de regadio como de stress. O aumento percentual no peso seco da folha foi de 43% e 28%; caule 36% e 44%; raiz 40% e 28% sob condições de irrigação e stress, respetivamente, aos 28 DAS. A percentagem da relação raiz: rebento com.

Bertrand et al. (2007) Estudos demonstraram que o aumento da biomassa radicular das culturas cultivadas sob eCO_2 poderia aumentar a absorção de N do solo.

Bokhari et al. (2007) estudaram Entre eles, os genes e proteínas relacionados com o crescimento celular, fotossíntese, respiração, translocação de hidratos de carbono e utilização da água foram os mais estudados nas respostas das plantas ao CO_2 elevado.

Jain et al. (2007) investigaram que as plantas cultivadas em eCO_2 tinham uma taxa fotossintética líquida mais elevada e uma condutância estomática mais baixa quando comparadas com as plantas cultivadas em aCO_2. O eCO_2 também alterou a composição dos nutrientes: observaram-se teores mais baixos de N, Mg e Fe e teores mais elevados de C e Ca nas folhas das plantas expostas ao eCO_2 do que nas plantas cultivadas em aCO_2.

Li et al. 2007) relataram que a concentração elevada de CO_2 aumentou a taxa fotossintética, a altura da planta, a biomassa da planta e a espessura do caule em 55%, 22%, 67% e 24%, respetivamente, no entanto, a extensão deste efeito foi alterada pela quantidade de rácios de amónio/nitrato disponíveis na solução de nutrientes fornecida.

Li et al. (2007) verificaram que o peso fresco e seco total, a altura da planta e a espessura do caule aumentaram com o aumento do CO_2 sem afetar a relação raiz/rabo.

Pilumwong et al. (2007) estudaram as respostas de crescimento e desenvolvimento da cultivar de amendoim Tainan 9 à combinação de duas temperaturas (25/15 °C e 35/25 °C) e três concentrações de CO_2 (400,600 e 800 µmol mol-1).

Nasser et al. (2008) estudaram o número de nódulos também aumentou sob CO_2 elevado e o maior número de nódulos foi observado ao nível de azoto equivalente a 50 kg N ha-1 à temperatura ambiente e 75 kg N ha-1 sob CO_2 elevado. O aumento médio do número de nódulos para todos os tratamentos sob CO_2 elevado foi de +52%. A análise das concentrações totais de azoto e fósforo na matéria seca mostrou que a absorção total foi maior sob CO_2 elevado, mas devido aos aumentos nos níveis de concentração de biomassa foram ligeiramente inferiores. Para todos os parâmetros, não se registou uma interação significativa entre o CO_2 e o tratamento com azoto.

Fujimura et al. (2010) estudaram que a quantidade de aumento na taxa fotossintética líquida causada pelo aumento de CO_2 era menor em altitudes elevadas do que em altitudes baixas. A pressão parcial de CO_2 mais baixa a maior altitude poderia explicar a diferença na taxa fotossintética líquida entre altitudes e a interação entre o nível de CO_2 e a altitude.

Lee et al. (2011) revelaram que a resposta de crescimento ao CO_2 elevado é maior em espécies C3 do que em espécies C4 e que a capacidade fotossintética pode ser grandemente aumentada em espécies C3 sob CO_2 elevado.

Os resultados de Paajanen et al. (2011) implicam que o salgueiro-de-folha-escura é bastante resistente aos três factores de alterações climáticas aplicados, provavelmente devido a uma elevada defesa constitutiva. No entanto, as interações entre os clones e os factores de alterações climáticas implicam que alguns clones são mais susceptíveis do que a espécie no seu conjunto.

Seneweera et al. (2011) investigaram a relação entre o crescimento das plantas, o rendimento dos grãos, a aquisição e a partilha de nutrientes no arroz (Oryza sativa L.) sob CO_2 elevado e relataram que o CO_2 elevado aumentou a biomassa no perfilhamento, o que se deveu em grande parte a um aumento de 160% na massa da raiz. o CO_2 elevado não teve efeito na absorção total de nutrientes (N, P, K, Mg e Ca). No entanto, a partilha de nutrientes entre órgãos foi significativamente alterada. A partição de N para as lâminas das folhas diminuiu significativamente, enquanto a partição de N para as bainhas das folhas e raízes aumentou.

Zhang et al. (2011) Investigaram que o crescimento de rebentos de C. microphylla é mais sensível ao CO_2 elevado do que o crescimento de raízes. A estimulação do crescimento de rebentos de C. microphylla sob CO_2 elevado ou adição de N não está associada a alterações na fixação de N2. Além disso, o CO_2 elevado e a adição de N interagiram para afetar o crescimento dos rebentos de C. microphylla, ocorrendo um efeito estimulante apenas sob a combinação destes dois factores.

Fujimura et al. (2012) estudaram a experiência de GC, o efeito da elevação do CO_2 de 24,8 para 39,8 Pa na biomassa foi maior do que o da 39,8 a 59,3 Pa. Um aumento de 2°C na temperatura reduziu o peso seco em todos os níveis de CO_2 e anulou o efeito positivo do aumento de CO_2 de 39,8 a 59,3 Pa. A diferença entre os resultados obtidos nas experiências em OTC e GC não foi clara e pode ter envolvido artefactos como efeitos do ventilador e/ou etileno.

Lam et al. (2012) relataram que o eCO2 (550 ppm) aumentou significativamente a quantidade de fixação simbiótica de N2 na cultivar de soja (G. max) Zhonghuang 13, mas não teve efeito em Zhonghuang 35.

Saha et al. (2013) estudaram a resposta positiva ao CO_2 elevado em termos de aumento da altura da planta, do índice de área foliar (LAI) e do teor de clorofila da folha. O teor de carotenóides foliares e a área foliar específica diminuíram sob CO2 elevado, com mais matéria seca dividida para o caule. Os resultados sugerem um maior crescimento da copa das plantas, com folhas mais verdes, mais espessas e de vida longa, em condições de atmosfera elevada de CO2.

Vaidya et al. (2014) referiram que o CO2 elevado aumentou a biomassa e os parâmetros fisiológicos de todos os genótipos de amendoim selecionados, tendo o genótipo Dharani registado o comprimento máximo da raiz, o comprimento do rebento e a área foliar

na fase de floração e JL-24 na fase de pegamento. Com CO2 elevado, foi atribuída mais biomassa ao caule no JL-24, às raízes no ICGV 91114 e não houve influência no Dharani, em comparação com outros genótipos, revelando a sua influência diferencial na atribuição de biomassa.

Chakraborty et al. (2015) descobriram que o enriquecimento de CO2 mostrou um aumento significativo no crescimento, na área foliar e na produção de matéria seca em ambas as espécies. A taxa de fotossíntese continuamente mais elevada (36,2 % em RH-30 e

27,3 % em Pusa Gold) sob condições de CO2 elevado atribuídas ao aumento da geração de folhagem e ao aumento do crescimento do caule e das raízes, o que também é evidenciado por uma maior assimilação líquida e taxa de crescimento relativo.

Dietterich el al. (2015) constatou que o estudo dos efeitos do aumento do CO2 atmosférico na nutrição das culturas tem sido limitado por pequenas amostras e/ou condições artificiais de crescimento. Aqui apresentamos dados de uma meta-análise do conteúdo nutricional das porções comestíveis de 41 cultivares de seis espécies principais de culturas cultivadas usando a tecnologia de enriquecimento de CO2 ao ar livre (FACE) para expor as culturas a concentrações ambientais e elevadas de CO2 em condições normais de cultivo no campo.

Huang et al. (2015) relataram que o aumento da concentração de CO2 atmosférico tem exercido impactos significativos no crescimento das plantas. Numerosos estudos relataram efeitos positivos do CO2 elevado no crescimento das plantas e na adaptação a vários stresses ambientais em muitas espécies de plantas.

Madhu et al. (2015) o estudo foi conduzido para investigar Plantas sob CO2 elevado produziram um número significativamente maior de nódulos radiculares por planta em 114% em comparação com plantas sob CO2 ambiente aos 44 DAP. Estes resultados mostram um efeito direto e interativo do CO2 elevado e da humidade do solo no crescimento das plantas que afectará não só a segurança alimentar global, mas também a segurança nutricional.

Nie et al. (2015) descobriram que os efeitos da Pseudomonas fluorescens, promotora do crescimento das plantas, na ciclagem de C e N na rizosfera de uma espécie de gramínea comum sob eCO2. Foi demonstrado que estes inoculantes microbianos aumentam a produtividade das plantas. Sugerindo que estes inoculantes microbianos atenuaram as reacções positivas da decomposição microbiana do solo ao eCO2.

Rao et al. (2015) verificaram que a área foliar significativamente mais elevada, o peso seco da raiz e a acumulação total de matéria seca foram registados a 550 ppm de CO2 elevado, o que se traduziu num aumento significativo do número de flores e, subsequentemente, da produção de vagens na cv. Arka Anoop em comparação com Arka Komal.

Butterly et al. (2016) descobriram que o CO2 elevado aumentou o tamanho e o número de nódulos, a atividade específica da nitrogenase e o teor de N da planta e, consequentemente, aumentou a biomassa e/ou a produção de sementes em leguminosas como o Pisum sativum.

Gebregergis et al. (2016) Investigaram que o principal benefício do aumento do CO2 atmosférico é o aumento da eficiência do uso da água pelas plantas. Níveis mais elevados de CO2 atmosférico melhoram e, por vezes, compensam totalmente as influências negativas de várias tensões ambientais no crescimento das plantas, incluindo o stress da temperatura elevada.

Jakobsen et al. (2016) este estudo investiga as interações entre o eCO2, o fósforo do solo (P) e a simbiose micorrízica arbuscular (AM) em Medicago truncatula e Brachypodium distachyon cultivados nas mesmas condições. O crescimento de M. truncatula foi aumentado por AM em condições de baixo P em ambos os níveis de CO2 e as interações eCO2×AM foram escassas.

Kumari et al. (2016) investigaram os efeitos significativos da temperatura elevada e do CO_2 no crescimento e desenvolvimento dos vegetais. Em geral, os parâmetros de crescimento da cultura da ervilha foram afectados positivamente pelo CO_2 elevado.

Dwivedi et al. (2017) investigaram que o aumento simultâneo de CO_2 e temperatura causou mudanças significativas no crescimento e na produtividade da cultura do arroz. O LAI do tratamento com CO_2 elevado foi significativamente (p <0,05) maior do que o controle OTC e o campo em todos os momentos em ambas as estações da kharif.

Jin et al. (2017) verificaram que o CO_2 elevado induziu mais 4-5 nós e quase duplicou o número de ramos. A duração da área foliar nos nós superiores de R5 a R6 foi 4,3 vezes maior e a dos ramos 2,4 vezes maior sob CO_2 elevado do que o CO_2 ambiente. Como resultado, o CO_2 elevado aumentou acentuadamente o número de vagens e sementes nestes nós correspondentes

Estes resultados indicam que o CO_2 elevado aumenta a área foliar em direção aos nós e ramos superiores, o que, por sua vez, contribui para o aumento da produção.

Lavanya et al. (2017) descobriram que, sendo a amoreira uma cultura C3 sensível ao carbono, as alterações climáticas sob a forma de CO_2 elevado, juntamente com o aumento da temperatura, seriam úteis para a cultura, mas são alteradas na presença de herbívoros. O $eCO2$ e a temperatura favoreceram o crescimento e o desenvolvimento da amoreira apenas em termos de quantidade, o que foi evidenciado pelo crescimento acelerado de mais altura da planta, folhas, índice de área foliar, rendimento foliar e biomassa da planta.

Manjula et al. (2017) relataram que o maior número de flores em CO_2 elevado ($eCO2$) foi registado com ambos os genótipos aos 60 DAS em comparação com o CO_2 ambiente ($aCO2$) e o aumento foi de 158% em K-9 e 80% em Dharani. Os parâmetros morfológicos e de biomassa, tais como a altura da planta, o número de ramos, o comprimento da raiz, o volume da raiz, o número de folhas, a área foliar e o número de flores, os pesos secos do rebento, da raiz e da folha foram mais elevados com o $eCO2$ em ambos os genótipos.

Reardon et al. (2017) estudámos três efeitos da temperatura, dióxido de carbono e ácido abscísico no feijão moong (Vignaradiata). As temperaturas mais elevadas aumentaram o crescimento, a biomassa acima do solo, os índices de crescimento, a extinção fotoquímica (QP) e o índice de balanço de azoto (NBI). o CO_2 elevado aumentou o crescimento e a biomassa acima do solo. O ABA diminuiu o crescimento, a biomassa abaixo do solo, o qP e os flavonóides; aumentou a relação massa do rebento/raiz, a clorofila e o NBI; e teve pouco papel na regulação dos efeitos da temperatura-CO2.

Shwetha et al. (2017) relataram que o amendoim cultivado em $eCO2$ (550 ppm) apresentou altura de planta significativamente maior (16,90 cm) com número máximo de folhas (38,25 folhas/planta) e os valores correspondentes foram significativamente menores (9,28 cm de altura de planta e 31,94 folhas/planta) em aCO2 + e Temperatura (390 ppm + 2 °C).

Thinh et al. (2017) referiram que os resultados sugerem que a contribuição do CO_2 elevado é maior no inhame do que no arroz no verão. A taxa fotossintética líquida do inhame foi significativamente maior sob CO_2 elevado do que

sob CO_2 ambiente em ambos os regimes de temperatura no verão. o CO_2 elevado afectou significativamente a taxa no inhame mas não no arroz em ambas as experiências. Estes resultados indicam que a fotossíntese responde mais rapidamente ao CO2 elevado no inhame do que no arroz.

Chatti et al. (2018) relataram que o CO_2 elevado foi encontrado para aumentar os parâmetros de crescimento como peso da raiz, peso da parte aérea, área foliar específica e produção total de matéria seca. Foram registados valores significativamente mais elevados para o peso da raiz (0,92 g), peso do rebento (6,88 g), produção total de matéria seca (5,74 g) sob CO_2 elevado em comparação com o controlo aberto.

Jeong et al. (2018) descobriram que o aumento a longo prazo da concentração de CO_2 e da temperatura causa mudanças nas respostas fisiológicas de espécies raras e ameaçadas de plantas e as respostas podem ser específicas para cada espécie. Em particular, as espécies lenhosas parecem ser mais sensíveis ao aumento da concentração de CO_2 e da temperatura do que as espécies herbáceas.

Zheng et al. (2019) relataram que a regulação negativa da fotossíntese foliar associada às mudanças nas caraterísticas estomáticas, tamanho do tecido mesofílico, carboidratos não estruturais e disponibilidade de nitrogênio da soja em resposta à futura alta concentração atmosférica de CO_2 e às mudanças climáticas.

Maurya et al. (2020) verificaram que, em ambas as fases de crescimento, a LOK1 foi mais reactiva ao eCO2 e ao tratamento combinado (eco2? EDU). O eCO2 em combinação com o EDU protegeu estas variedades contra o o3 ambiente elevado.

Wang et al. (2020) estudaram que o aumento da aplicação de nitrato ou do fornecimento de amónio poderia abrandar ou evitar o declínio fotossintético de

Mudas de P. bournei sob eCO2, alterando a estrutura da folha e as caraterísticas fisiológicas fotossintéticas.

PARÂMETROS DE RENDIMENTO

SionitI et al. (1987) estudaram o aumento do número de vagens e sementes com o aumento da temperatura e dos níveis de CO_2. O enriquecimento com dióxido de carbono aumentou a produção de sementes de soja cultivada a temperaturas moderadamente baixas. Este aumento foi associado a um aumento da taxa fotossintética líquida.

Fierro et al. (1994) descobriram que o CO_2 elevado (900 μmol mol-1) com luz adicional (ambiente + 100 μmol m-2 s-1 de radiação fotossinteticamente ativa ou PAR) aumentou o rendimento precoce do tomate e do pimento em 15% e 11%, respetivamente.

Mauney et al. (1994) relataram que o rendimento do trigo (c3) aumentou em 31% com CO_2 elevado a 500-700 ppm numa instalação de enriquecimento de CO_2 ao ar livre (FACE) e que o rendimento do sorgo (c4) não aumentou no mesmo ambiente.

Donnelly et al. (2000) verificaram que o CO_2 elevado aumentou a biomassa acima e abaixo do solo nas colheitas intermédias e finais. A produção de tubérculos na colheita final aumentou em cerca de 40% devido a um aumento do peso médio dos tubérculos e não do número de tubérculos; a produção de tubérculos não diferiu significativamente entre os tratamentos com 550 e 680 μmol mol-1 de CO_2. o CO_2 elevado aumenta a biomassa e a produção de tubérculos em S. tuberosum cv. Bintje mesmo com concentrações elevadas de ozono.

Schapendonk et al. (2000) verificaram que o efeito da aclimatação na produção foi quantificado através de simulações computorizadas. Os resultados simulados indicaram que a aclimatação fotossintética reduziu em 50% o efeito positivo do CO_2 elevado na produção de tubérculos.

Smith et al. (2000) também descobriram que a produção acima do solo e a chuva de sementes de uma gramínea anual invasora aumentam mais com CO_2 elevado do que em várias espécies de plantas anuais nativas. Consequentemente, o CO_2 elevado pode aumentar o sucesso a longo prazo e a dominância de gramíneas anuais exóticas na região.

Kimball et al. (2002) investigaram, com base na sua avaliação de várias centenas de estudos deste tipo, um aumento médio da produção de biomassa nas plantas C3 em resposta a uma duplicação das concentrações de CO_2 e sugeriram também que o rendimento dos cereais das culturas C3 deverá aumentar nos próximos 100 anos devido ao aumento do CO_2.

Prasad et al. (2002) referiram que o CO_2 elevado aumentou a produção de sementes até 24% no feijão-miúdo (Phaseolus valgaris).

Dong et al. (2004) investigaram que a análise dos componentes do rendimento sugeria que o aumento do rendimento era principalmente atribuível a um aumento do número de grãos. No entanto, os efeitos do enriquecimento de CO_2 nas plantas dependem da disponibilidade de humidade no solo, e as plantas podem beneficiar mais do enriquecimento de CO_2 quando é fornecida água suficiente

Leon et al. (2004) relataram que a fotossíntese e o crescimento de culturas C3 aumentam quando cultivadas com CO_2 elevado. A produção de sementes é aumentada pelo CO_2 elevado a uma temperatura óptima. No entanto, a uma temperatura supra-óptima, a produção de sementes diminui tanto com CO_2 ambiente como com CO_2 elevado. Se o aumento da temperatura acompanhar o aumento da concentração de CO_2, o rendimento das sementes diminuirá nas regiões onde as temperaturas são iguais ou superiores às óptimas.

Chowdhury et al. (2005) concluíram que o CO_2 elevado aumentou consideravelmente a produtividade do feijão mungo. O melhor desempenho da planta de feijão mungo devido ao elevado nível de CO_2 foi apoiado pela taxa mais rápida de fotossíntese, especialmente na fase de floração.

Haqu et al. (2005) verificaram que a concentração elevada de CO_2 também aumentou significativamente o número de vagens por planta e o tamanho das sementes, embora o efeito sobre o número de sementes por vagem não tenha sido apreciável. As variações genotípicas nestes caracteres foram evidentes em todas as condições de cultivo. Um genótipo, Chainat 36, mostrou um aumento excepcionalmente grande no peso de 100g de grãos pelos tratamentos OTC e CO_2 elevado. Genotípico.

Streck et al. (2005) O aumento da concentração de CO_2 aumenta o rendimento das culturas quando o substrato para a fotossíntese e o gradiente de concentração de CO_2 entre a atmosfera e a folha aumentam. As plantas C3 beneficiarão mais do que as plantas C4 com um CO_2 elevado. No entanto, se houver um aquecimento global, o aumento da temperatura pode anular os benefícios do aumento do CO_2 no rendimento das culturas.

Heinemann et al. (2006) Estudaram o comportamento de crescimento do tamanho e número de vagens de soja, a produção de sementes e o peso das sementes de soja aumentaram com o enriquecimento de CO_2.

MIiyagi et al. (2007) relataram que o CO_2 elevado pouco afectou a [N] das sementes em todas as espécies. Concluímos que a produção de sementes é limitada principalmente pela disponibilidade de nitrogénio e será melhorada pelo CO_2 elevado apenas quando a planta for capaz de aumentar a aquisição de nitrogénio.

Vanaja et al. (2007) verificaram que o índice de colheita aumentou significativamente para 35,7 e 38,4% a 550 e 700 ppm, respetivamente; é um fenómeno muito importante nas leguminosas para quebrar a barreira do rendimento.

Bannayan et al. (2008) descobriram que o CO_2 elevado sozinho resultou em um aumento significativo na biomassa total na colheita final em todas as temperaturas (P <0,0001), mas diminuiu o rendimento final das sementes (P <0,0005), exceto para Georgia Green em (TA +5 °C).

Vanaja et al. (2008) descobriram que os níveis elevados de CO_2 aumentaram significativamente a biomassa total e o rendimento da mamona, mas os níveis elevados de CO_2 por si só não alteraram o conteúdo e a qualidade do óleo de mamona. Uma resposta positiva da mamona ao aumento das concentrações de CO_2 é uma boa indicação para a sua existência futura em condições climáticas potencialmente alteradas.

Cong et al. (2009) investigaram os efeitos de CO_2 e O3 elevados na aquisição de N em amendoim (Arachis hypogaea L.) cultivado no campo, utilizando uma câmara de topo aberto. Estes resultados indicaram que as interações entre o CO_2 e o O3 na fisiologia das plantas podem alterar os processos de aquisição de N, com impactos na produtividade do amendoim provavelmente dependentes em parte destas alterações.

Hogy et al. (2009) também referiram que o rendimento em matéria seca das plantas de trigo aumentou sob CO_2 elevado. O mesmo autor registou um aumento de 30,7% na biomassa da raiz, 41,2% na folha, 15,6% no caule, 45,5% no rendimento do grão e 32,4% na biomassa total da planta, mas isto pode ocorrer à custa da redução das caraterísticas de qualidade do grão, como as propriedades das proteínas, dos nutrientes minerais e do amido.

Leakey et al. (2009) Investigaram que o CO_2 elevado estimula o ganho de carbono fotossintético e a produção primária líquida a longo prazo, apesar da regulação negativa da atividade da Rubisco. Em segundo lugar, o CO_2 elevado melhora a eficiência da utilização de azoto e, em terceiro lugar, diminui a utilização de água tanto à escala da folha como da copa. Em quarto lugar, o CO_2 elevado estimula a respiração no escuro através de uma reprogramação transcricional do metabolismo.

Vanaja et al. (2010) investigaram que a cultura manteve um aumento positivo significativo do índice de colheita (HI) em CO_2 elevado com um incremento de 30,7% em relação aos valores ambientais. Este aumento do índice de colheita deveu-se à melhoria da produção de vagens e de sementes sob uma concentração elevada de CO_2, o que realça a importância desta cultura para a segurança alimentar e nutricional sustentada num cenário de alterações climáticas.

Uprety et al. (2010) observaram que a elevação do CO_2 sob uma elevada disponibilidade de azoto provocou um maior teor de amido no grão de trigo devido a um aumento da translocação de hidratos de carbono da fonte (folha e caule) para o sumidouro (grão). Os mesmos estudos também mostram que ocorreu uma redução no rendimento do milho (espécie C4) sob condições de CO_2 elevado devido a um período de crescimento mais curto.

Venkatewarlu et al. (2010) verificaram que o aumento do CO_2 conduziu a uma maior biomassa em culturas de plantação como o coco, a noz-da-índia e o cacau, ao mesmo tempo que reduziu a condutância estomática, a densidade estomática e a cera da superfície foliar, conduzindo a um aumento da eficiência da utilização da água. Os rendimentos do tomate aumentaram 26,5% em CO_2 elevado (550ppm).

Hikosaka et al. (2011) relataram que as leguminosas fixadoras de nitrogénio aumentaram a aquisição de nitrogénio mais do que as não fixadoras de nitrogénio, resultando num grande aumento da massa de sementes por planta. Em Poaceae, um aumento na massa de sementes por planta também foi causado por uma diminuição na semente [N]. A maior afetação de carbono ao albúmen (endosperma e/ou perisperma) do que ao embrião pode explicar a redução da [N] nas sementes de gramíneas.

Vanaja et al. (2011) Os resultados mostraram que a cultura registou uma resposta positiva significativa para a biomassa total, rendimento forrageiro, rendimento de grãos, número de vagens e sementes por planta, peso de teste e HI em CO_2 elevado A cultura manteve um aumento positivo significativo do índice de colheita (HI) em CO_2 elevado com um incremento de 30,7% em relação aos valores ambientais.

Kumar et al. (2012) referiram que os rendimentos de matéria seca da planta de trigo aumentaram sob CO_2 elevado. O mesmo autor registou um aumento de 30,7% na biomassa da raiz, 41,2% na folha, 15,6% no caule, 45,5% no rendimento de grãos e 32,4% na biomassa total da planta.

Sun et al. (2012) verificaram que o CO_2 elevado melhorou a produção de morango (incluindo o rendimento e a qualidade) a baixa temperatura, mas diminuiu-a a alta temperatura. A flutuação dramática no rendimento do morango entre a baixa e a alta temperatura com CO_2 elevado implica que deve ser dada mais atenção ao processo de indução floral sob as alterações climáticas, especialmente em frutos que requerem arrefecimento no inverno para o crescimento reprodutivo.

Vanuytrecht et al. (2012) Considerou que o efeito do CO_2 elevado é bem compreendido e quantificado, os modeladores de culturas podem investigar as interações com outros factores climáticos, fornecendo melhores estimativas dos potenciais impactos na produção de alimentos.

Aien et al. (2014) relataram que as plantas de batata cultivadas sob CO_2 elevado apresentaram maior produção de tubérculos devido ao aumento do número de tubérculos por planta. Na colheita final, o peso fresco total do tubérculo foi 36% maior, sob tratamentos com CO_2 elevado, em comparação com o do ambiente. A resposta da K. Chipsona-3 foi mais pronunciada à concentração elevada de CO_2, em comparação com a K. Surya.

Bishop et al. (2014) verificaram que o crescimento de culturas C3 aumentava significativamente a fotossíntese, a produção de biomassa e o rendimento económico, tanto em experiências FACE como OTC

Dwivedi et al. (2014) descobriram que o CO_2 elevado em combinação com uma temperatura atmosférica mais baixa pode cessar a floração na cultivar CR-1014, enquanto que uma temperatura atmosférica mais elevada e CO_2 elevado aumentam o rendimento de grãos na cultivar Naveen.

Prasad et al. (2014) mostra que, na ausência de stresses bióticos (pragas, doenças e ervas daninhas) ou abióticos (temperatura, água e nutrientes), o CO_2 elevado aumentará o rendimento devido ao aumento da fotossíntese e do crescimento. No entanto, a temperaturas superiores às óptimas, os efeitos benéficos do CO2 elevado

CO_2 são mais do que compensados pelos efeitos negativos da temperatura sobre o rendimento e os componentes do rendimento, levando a um menor rendimento das sementes e a uma má qualidade das mesmas.

Gao Ji et al. (2015) verificaram que a capacidade fotossintética do feijão-mungo continuava a ser suprimida sob CO_2 elevado, particularmente na fase de maturidade das vagens, mas a biomassa e o rendimento das plantas aumentaram 11,6 e 14,2%, respetivamente. Além disso, estas descobertas sugerem que, mesmo em sistemas de aquisição de nutrientes mais elevados, como as leguminosas, a assimilação de nutrientes não corresponde à assimilação de carbono sob CO_2 elevado e leva à desregulação da fotossíntese para CO_2 elevado.

Mohanty et al. (2015) verificaram que o aumento da temperatura em 1^0 C e da concentração de CO_2 para 500 ppm, o declínio do rendimento do trigo foi inferior ao efeito individual do aumento da temperatura. Este estudo mostrou que os factores ambientais têm efeitos significativos no rendimento do grão de trigo e da biomassa com alterações no CO_2 atmosférico e na temperatura.

Vanaja et al. (2015) estudaram a melhoria da biomassa, que variou entre 32% e 47%, e o rendimento de grãos, que variou entre 46% e 127%, com 550 ppm de CO_2, em comparação com o controlo ambiental. A melhoria no rendimento de grãos deveu-se ao aumento do número de grãos (25-72%), bem como à melhoria do peso de teste (8-60%). A resposta global do genótipo de milho menos eficiente Harsha com uma concentração elevada de CO_2 foi significativamente elevada, especialmente no que respeita ao rendimento de grãos e à sua composição.

Vanaja et al. (2015) descobriram que o efeito benéfico do aumento das concentrações de CO_2 em condições de défice de humidade foi observado através de um melhor número de vagens na grama preta em comparação com o controlo ambiental, o que se reflectiu numa maior produção de sementes.

Milton et al. (2016) estudaram em ambas as cultivares versus plantas cultivadas no ambiente atual, e maior concentração de CO_2 mais temperatura. Em ambas as cultivares, a partição de vagens e grãos foi maior nos quatro ramos e racemos ontogenicamente mais velhos, com diminuição nos demais superiores. Além disso, a alocação de biomassa nos tecidos vegetativos foi maior que a biomassa reprodutiva, com intensidade dependente da cultivar.

Rai et al. (2016) concluíram que a exposição a CO_2 elevado aumentou o rendimento de grãos e a biomassa de ambos os genótipos de grão-de-bico, enquanto a exposição a altas temperaturas reduziu o rendimento de ambos os genótipos. O efeito contrário do CO_2 à temperatura elevada é mais proeminente no desi do que no kabuli, o que foi atribuído a uma maior partição de assimilados para as vagens no desi. Enquanto nos genótipos kabuli a partição da biomassa foi mais direcionada para as partes vegetativas das plantas, o que contribuiu para o aumento da biomassa.

Raj et al. (2016) também relataram que o stress de alta temperatura de 3,9°C reduziu significativamente o rendimento de grãos e biomassa do arroz. O aumento da temperatura média diária de 28°C para 32°C reduziu significativamente o peso seco total, o peso seco da raiz, o comprimento da raiz, a área foliar e a área foliar específica da cultura do arroz.

Bunce et al. (2017) estudaram o CO_2 elevado, o tratamento de alta temperatura aumentou moderadamente a produção de sementes em todas as cultivares. Essas cultivares de quinoa tiveram uma ampla gama de respostas tanto ao CO_2 elevado quanto às altas temperaturas durante a antese, e muito mais variação nas respostas do índice de colheita ao CO_2 elevado do que outras culturas que foram examinadas.

Li et al. (2017) Investigaram que o CO_2 elevado também diminuiu a proporção de N das sementes redistribuído do rebento para as sementes, e esta diminuição correlacionou-se fortemente com o aumento do rendimento. Além disso, a absorção total de N foi associada a aumentos no N fixo por nódulo em resposta ao eCO_2, mas não com mudanças na biomassa do nódulo, densidade do nódulo ou comprimento da raiz.

Os resultados de Noorhossein et al. (2017) mostraram que existe uma diferença estatisticamente significativa em termos de todos os parâmetros entre o estado atual e após as alterações climáticas 2^0 C aumento da temperatura) na província de Guilan. Com o aumento da temperatura, o período médio de crescimento do amendoim em Guilan diminuiu de 142 dias para 123 dias. Em geral, o rendimento médio do amendoim muda em Guilan com um aumento de 2 graus na temperatura e é 8,73% superior ao da situação atual.

O estudo de Ved et at. (2017) revelaram que os genótipos de trigo tiveram um melhor desempenho em condições de CO_2 elevado em termos de número de grãos, peso de teste e rendimento de grãos do que em condições ambientais. O CO_2 elevado teve efeitos positivos, enquanto a temperatura elevada teve efeitos negativos no crescimento, nos atributos de rendimento e no rendimento do trigo. Com a elevação do CO_2 e da temperatura, o CO_2 elevado compensa os efeitos negativos da temperatura elevada sobre o crescimento, os atributos de rendimento e o rendimento do trigo.

Manjula et al. (2018) as experiências revelaram que o genótipo Dharani registou uma resposta mais elevada para o peso das sementes, índice de colheita em eCO_2, enquanto o K-9 registou uma resposta mais elevada para a biomassa total. Este estudo é necessário se quisermos perceber o potencial do genótipo para o rendimento máximo no futuro cenário de alterações climáticas.

Rosalin et al. (2018) investigaram que o CO_2 elevado aumentou o rendimento
2,08 g colina-1 , ou seja, 14,5% na cultivar de arroz do que em condições de campo aberto, mas o CO_2 elevado produziu 5,76 g colina-1 menos rendimento de grãos do que o CO_2 ambiente. O índice de colheita foi maior sob eCO_2 (0,57) do que em campo aberto (0,34). Os índices de colheita das cultivares de maturidade precoce e média foram mais elevados do que em condições de campo aberto. Aumento de 82% e 58% no total de grãos por panícula e no número de grãos cheios por panícula sob eCO_2. Panícula
O número de grãos por colina diminuiu 40% em condições de eCO_2 do que em condições de campo aberto e de campo ambiente. A penugem dos grãos aumentou 147% em relação às condições de campo aberto.

Dier et al. (2019) investigaram uma forte relação linear entre o rendimento de N dos grãos e o número de grãos (r2=0,98) que não foi influenciada pelo eCO_2, sugerindo que o número de grãos é um fator importante que determina o aumento do rendimento de N dos grãos sob e [CO_2]. A concentração de N nos grãos foi mais fortemente afetada pelo eCO_2 do que o teor médio de N por grão.

Gangurde et al. (2019) estudaram o aumento dos níveis de CO_2, a precipitação irregular, a humidade, os episódios curtos de temperatura elevada e a salinidade prejudicam a fisiologia, a resistência a doenças, a fertilidade e o rendimento, bem como os níveis de nutrientes das sementes de amendoim. Para satisfazer as crescentes exigências de uma população cada vez maior contra as ameaças das alterações climáticas, é necessário desenvolver variedades inteligentes em termos climáticos com melhorias genéticas melhoradas e estáveis. Identificação de factores-chave
caraterísticas afectadas pelas alterações climáticas no amendoim será importante para desenvolver uma estratégia adequada para o desenvolvimento de novas variedades.

Kumari et al. (2019) O estudo revelou que as plantas de ervilha tiveram um melhor desempenho sob o eCO_2, com dados agrupados para dois anos indicando que o crescimento e o rendimento atribuem caraterísticas como altura da planta, dias para a primeira colheita de vagens, duração da colheita, peso fresco e biomassa, número de vagens por planta, comprimento da vagem, circunferência da vagem, rendimento da vagem foram melhorados sob o eCO_2.

Broberg et al. (2019). Encontraram a função de resposta para o rendimento de grãos com a concentração de CO_2 sugere fortemente uma resposta não linear, onde a estimulação do rendimento se estabiliza em ~ 600 ppm. A resposta do rendimento ao eCO_2 foi independente da técnica de fumigação e do ambiente de enraizamento, mas claramente relacionada à produtividade do local, onde a estimulação relativa do rendimento de CO_2 foi mais forte em sistemas de baixa produtividade. A resposta não linear do rendimento, saturando a uma elevação relativamente modesta de CO_2, foi de grande importância para a modelação de culturas e avaliações da produção futura de alimentos sob o aumento do CO_2.

PARÂMETROS DE QUALIDADE

Bharath et al. (1992) também mediram os dados de equilíbrio de fases para o sistema CO_2-ácido oleico a 40, 60 e 80°C para pressões entre 100 e 300 bar.

Yu et al. (1992) desenvolveram um método estático com recirculação para medir dados de equilíbrio para o sistema CO2 - ácido oleico a 40 e 60°C e de 30 a 310 bar de pressão.

Bharath et al. (1993) estudaram o comportamento do sistema CO2-ácido palmitico a 80 e 100 °C a pressões de 130 a 305 bar.

Chen et al. (2000) mediram dados de equilíbrio líquido-vapor para o sistema CO2-ácido linoleico na gama de 40 a 60 °C a pressões até 241,2 bar. A uma densidade constante, a solubilidade aumenta com o aumento da temperatura. A temperatura constante, a solubilidade aumenta com o aumento da densidade do CO2.

Os resultados de Jablonski et al. (2002) fornecem estimativas sólidas das respostas reprodutivas médias das plantas ao enriquecimento de CO2 e demonstram diferenças importantes entre os taxa individuais e entre os grupos funcionais. Em particular, as culturas foram mais reactivas ao CO2 elevado do que as espécies selvagens.

Larson et al. (2002) verificaram que não houve diferença no metabolismo de aminoácidos, ácidos orgânicos e hidratos de carbono simples, o que sugere que os nossos tratamentos experimentais não alteraram a utilização destes substratos pelos microrganismos do solo. A nossa análise indica que as alterações no crescimento das plantas em resposta ao CO2 e O3 elevados alteram o metabolismo microbiano no solo.

Loya et al. (2003) relataram que as taxas de formação de carbono total e solúvel em ácido no solo são reduzidas em 50% em relação às quantidades que entram no solo quando as florestas foram expostas apenas ao aumento do dióxido de carbono. Os nossos resultados sugerem que, num mundo com concentrações elevadas de dióxido de carbono atmosférico, as reduções à escala global da produtividade das plantas devido a níveis elevados de ozono também reduzirão significativamente as taxas de formação de carbono no solo.

Saito et al. (2004) apresentaram a modelação de dados de equilíbrio dos sistemas binários envolvendo dióxido de carbono e os ácidos oleico, palmítico e linoleico a 60, 70, 80 e 90°C.

Joseph et al. (2005) Investigaram a relação entre a CER saturada de luz do meio-dia e a atividade inicial ou total da Rubisco, das plantas com [CO2] elevado foi 1,3 a 1,9 vezes superior à das plantas com [CO2] ambiente em ambas as temperaturas de crescimento. Os açúcares solúveis da folha e o amido das plantas cultivadas em [CO2] elevado foram 1,3 e 2 vezes maiores, respetivamente, do que os das plantas cultivadas em [CO2] ambiente.

Roger et al. (2006) verificaram que as plantas de soja apresentavam aminoácidos. 16% de aumento na massa seca na colheita final e não mostraram nenhum efeito significativo do [CO2] elevado no conteúdo de N foliar, proteína ou aminoácidos totais na última parte da estação. Uma possível explicação para esses resultados é que a fixação de N havia aumentado e que essas plantas haviam se aclimatado ao aumento da demanda de N em [CO2] elevado.

Kasurinen et al. (2007) investigaram que a folhagem cultivada sob CO2 elevado apresentava concentrações mais elevadas (peso por unidade de massa) e conteúdos (peso por folha) de ácidos fenólicos, glicosídeos de flavonol, taninos condensados e fenólicos totais medidos. O O3 elevado aumentou as concentrações de 3,   4'-dihidroxipropiofenona 3-b-D-glucósido (DHPPG) e agliconas de flavonóides, mas apenas com CO2 ambiente. O CO2 elevado tem o potencial de alterar a qualidade da folhagem da bétula prateada,

Estudos de Taub et al. (2007) efectuados em câmaras de topo aberto mostraram um efeito significativamente maior do CO2 quando as plantas foram enraizadas em vasos em vez de no solo. Estudos sobre o trigo também mostraram um maior efeito do CO2 quando a concentração de proteínas foi medida em grãos inteiros em vez de farinha.

Canvin et al. (2011) estudaram o teor de óleo do girassol, do cártamo e do feijão castor, que não foi afetado pela temperatura. O teor de óleo mais elevado na colza e no linho foi encontrado à temperatura mais baixa e foi observada uma diminuição contínua com o aumento da temperatura. A composição em ácidos gordos do óleo de cártamo e de rícino não foi afetada por uma mudança de temperatura. Nas outras três espécies, a quantidade de ácidos gordos mais insaturados diminuiu com o aumento da temperatura. Esta diminuição foi acompanhada de um aumento do ácido oleico. Os teores de ácidos gordos saturados em todas as espécies não foram afectados pelas alterações de temperatura.

Robredo et al. (2011) sugerem que o CO_2 elevado melhora o metabolismo do azoto em plantas secas, mantendo um melhor estado da água e um melhor desempenho da fotossíntese, permitindo uma redução superior do nitrato e da amónia e a assimilação. Em última análise, o CO_2 elevado atenuou muitos dos efeitos da seca no metabolismo do azoto e permite uma recuperação mais rápida após o stress hídrico.

Yadav et al. (2011) os teores de óleo e proteína no ICGV 91114 apresentaram um declínio a 550 ppm de CO_2 e um ligeiro aumento a 700 ppm de CO_2. Os ácidos gordos saturados (palmítico e esteárico) apresentaram uma tendência decrescente, enquanto o ácido oleico (ómega 9) registou uma tendência crescente no JL 24 a níveis elevados de CO_2.

Chakraborty et al. (2012) verificaram que o CO_2 elevado aumentou os atributos de rendimento, nomeadamente o rendimento de sementes, o número total de vagens por planta, o número de sementes por vagem, o peso seco da vagem por planta, o rendimento de sementes, o peso de mil sementes e o índice de colheita. Os teores de açúcar total e redutor, amido e óleo aumentaram significativamente, no entanto, a proteína solúvel total diminuiu em ambas as cultivares sob CO_2 elevado. O perfil de ácidos gordos das sementes sugeriu uma alteração da relação entre ácidos gordos saturados e insaturados sob condições de CO_2 elevado.

Rao et al. (2012) verificaram que a taxa de consumo relativo foi significativamente mais elevada para larvas de S. litura alimentadas com plantas cultivadas a 550 e 700 ppm do que para larvas alimentadas com plantas cultivadas em condições ambientais. Os presentes resultados indicam que os níveis elevados de CO_2 alteraram a qualidade da folhagem do amendoim, resultando num maior consumo, numa menor eficiência digestiva, num crescimento mais lento e num tempo mais longo até à pupação (mais um dia do que à temperatura ambiente).

Hampton et al. (2013) Investigaram a resposta ao CO_2 elevado, foi relatado que a massa de sementes aumenta e diminui em plantas C3, mas não muda em plantas c_4. Os aumentos são maiores nas leguminosas do que nas não leguminosas, e há uma variação considerável entre as espécies.

Khan et al. (2013) verificaram que a quantidade de hidratos de carbono aumentou significativamente em condições de aumento de CO_2. A quantidade de proteína bruta e de vitamina C, dois parâmetros nutricionais importantes, diminuiu substancialmente. O teor de ácidos gordos apresentou uma ligeira diminuição, com um ligeiro aumento da fibra bruta. A qualidade nutricional de ambas as variedades de tomate alterou-se sob a atmosfera enriquecida com CO_2.

Pal et al. (2014) Estes resultados concluem que o aumento do CO_2 atmosférico nas alterações climáticas futuras pode aumentar a produção de biomassa e o rendimento das sementes de girassol e alterar a qualidade do óleo das sementes em termos de aumento da concentração de ácidos gordos insaturados em comparação com os ácidos gordos saturados e de diminuição das proteínas das sementes e dos nutrientes minerais.

Ruhil et al. (2014) referiram que o impacto de [CO_2] elevado (585µmol mol-1) no conteúdo de pigmentos e proteínas, na fluorescência da clorofila a, nas reacções fotossintéticas de transporte de electrões, na assimilação de CO_2, na biomassa

O [CO_2] elevado não teve efeito significativo sobre a fluorescência mínima da clorofila (F0), enquanto a eficiência quântica do Fotossistema II, medida como fluorescência variável (FV=FM-FO) para a fluorescência máxima (FM), aumentou em 3%. A taxa de transporte de electrões, o fotossistema, o fotossistema II e as taxas de transporte de electrões de toda a cadeia aumentaram 8% em [CO_2] elevado.

Sreenivasulu et al. (2015) os resultados mostraram que, em Arachis hypozeae L), a elevação de CO_2 pode aumentar o teor de proteínas solúveis nas raízes, nos rebentos e nas folhas, que aumentou significativamente com o aumento da concentração de CO_2.

Shankar et al. (2015) relataram que foi analisado o efeito da concentração elevada de CO_2 atmosférico na qualidade dos nutrientes de três genótipos de milho diferentes, ou seja, DHM 117, Harsha e Varun. O conteúdo proteico (%) da variedade Varun contém um conteúdo proteico significativamente mais elevado em comparação com a variedade Harsha a um nível elevado de CO_2. O peso de 100 sementes do genótipo DHM 117 foi significativamente mais elevado do que o da variedade Varun a níveis ambientais e a 550 ppm eCO2. O conteúdo total de minerais (g/100g) dos genótipos DHM 117, Harsha e Varun cultivados a 550 ppm foi significativamente maior em comparação com 380 ppm de eCO2. O teor de zinco (mg/100g) do DHM 117 registou um aumento significativo no genótipo DHM 117 cultivado em câmara de controlo em comparação com o enriquecido com 550ppm de CO2. O efeito do CO2 elevado sobre o ferro, o cobre, o manganês, o magnésio e a fibra bruta não foi significativo nos três genótipos de milho.

Abdelhaliem et al. (2016) mostram que o tratamento com O3 por si só induziu níveis elevados de danos oxidativos nas proteínas e no ADN das plantas de trigo, especialmente num sistema sem irrigação. Curiosamente, o CO2 em combinação com o O3 poderia melhorar o impacto negativo do stress oxidativo do O3. Este estudo mostra que os biomarcadores de proteínas e de ADN, bem como o ensaio cometa, podem ser utilizados para uma estimativa fiável da genotoxicidade após a exposição de plantas de culturas económicas a poluentes atmosféricos.

Bellaloui et al. (2016) verificaram que o aumento do óleo e do ácido oleico e a diminuição do ácido linolénico são desejáveis, uma vez que o ácido oleico elevado e o ácido linolénico baixo contribuem para a estabilidade e para uma maior duração do óleo. Este estudo mostrou que a composição das sementes e os nutrientes minerais das sementes podem ser afectados apenas pela temperatura elevada ou pelo CO2 e temperatura elevados.

Liu et al. (2017) os resultados indicaram que os índices ecológicos, a fenologia do arroz e a área foliar diminuiriam sob um aumento simultâneo de CO2 e temperatura. Para os índices fisiológicos, os níveis de malondialdeído (MDA) aumentaram significativamente no período de mudas. No entanto, mostrou a tendência de aumento e subsequente diminuição nos períodos de crescimento e enchimento. Além disso, a decomposição da proteína solúvel (SP) e do açúcar solúvel (SS) acelerou no período de enchimento. O índice de qualidade do arroz da Taxa de Arroz de Cabeça mostrou uma tendência decrescente e subsequente aumento, mas os índices da Taxa de Arroz com Giz e do Teor de Proteína diminuíram gradualmente, enquanto a Consistência do Gel aumentou gradualmente.

Dong et al. (2018) relataram que o eCO2 aumentou as concentrações de frutose, glicose, açúcar solúvel total, capacidade antioxidante total, fenóis totais, flavonóides totais, ácido ascórbico e cálcio na parte comestível dos vegetais em 14.2%, 13,2%, 17,5%, 59,0%, 8,9%, 45,5%, 9,5% e 8,2%, respetivamente, mas diminuiu as concentrações de proteínas, nitratos, magnésio, ferro e zinco em 9,5%, 18,0%, 9,2%, 16,0% e 9,4.

Javoor et al. (2018) os resultados mostraram que sob condições elevadas de CO2 @ 550 ppm, o teor de proteína no milho e no amendoim foi de 8,1 e 19,8%, enquanto que sob condições ambientais de CO2 foi de 9,8 e 22,6%. Os compostos de carbono (amido, teor de óleo e ácidos gordos) aumentaram em condições de CO2 elevado. O teor de óleo do milho e do amendoim em condições de CO2 elevado foi de 6,7 e 49,4%, enquanto que em condições ambientais foi de 6,6 e 45,5%. A temperatura elevada teve um efeito negativo nos aspectos de qualidade (diminuição da composição de proteínas, óleo e ácidos gordos) das culturas.

Zheng et al. (2019) Verificaram que a fotossíntese da soja foi significativamente promovida pelo E [CO2] em todas as fases de crescimento, Em conclusão, o E [CO2] parece ter efeitos positivos no crescimento das plantas de soja cultivadas, mas a sua influência nos valores nutricionais das sementes de soja é complexa.

ACTIVIDADE ENZIMÁTICA DO SOLO

Mayr et al. (1999) sugerem os efeitos do CO2 elevado em actividades microbianas específicas, mesmo em condições de baixo teor de nutrientes minerais e quando parâmetros globais como a biomassa microbiana ou a respiração, que foram investigados no mesmo local, não são afectados.

Cardon et al. (2000) verificaram que a biomassa radicular aumentou sob um nível elevado de CO2, enquanto o carbono novo nos reservatórios ligados aos minerais diminuiu. Estes efeitos contrastantes do CO2 elevado na dinâmica dos antigos e novos reservatórios de carbono do solo contribuem para um novo equilíbrio do carbono do solo que pode afetar profundamente o movimento líquido do carbono a longo prazo entre os ecossistemas terrestres e a atmosfera.

Ebersberger et al. (2003) estudaram o estudo de enriquecimento de CO_2 a longo prazo em prados calcários, a atividade da urease foi mais rápida e mais distinta na primavera do que no verão.

Pendal et al. (2004) investigaram A rizodeposição foi aproximadamente o dobro em câmaras com CO_2 elevado em comparação com câmaras com CO_2 ambiente, com 83 ± 16 versus

35 ± 9 g C m - 2 ano - 1 durante os últimos 4 anos da experiência (teste t, $P = 0,006$). O sequestro líquido de C dependerá de como as taxas de decomposição são alteradas pelo CO_2 elevado.

Lipson et al. (2005) observaram um aumento do carbono da biomassa microbiana com o tratamento que recebeu matéria orgânica do solo em condições de enriquecimento de CO_2 ao ar livre (FACE).

Kang et al. (2005) referiram que os impactos do CO_2 e da temperatura elevados nas actividades enzimáticas do solo têm merecido grande atenção nos últimos anos. As actividades enzimáticas específicas são direta e/ou indiretamente afectadas pela elevação do CO_2 ou da temperatura.

Kasurinen et al. (2005) Em conclusão, os presentes dados sugerem que os efeitos do CO_2 foram pouco significativos, ao passo que o aumento dos níveis de O3 troposférico pode ser um importante fator de stress nas florestas de bétulas do norte, uma vez que pode alterar os conjuntos de morfotipos micorrízicos, as taxas de infeção micorrízica e a produção de esporocarpos.

Moscatelli et al. (2005) registaram um aumento do carbono da biomassa microbiana de 16% em condições de CO_2 elevado no FACE, em comparação com as condições ambientais.

Moscatelli et al. (2005) revelaram que a atividade da fosfatase ácida foi significativamente influenciada sob condições de CO_2 elevado.

Chung et al. (2006) concluem que o metabolismo fúngico é alterado sob concentrações elevadas de CO_2 e O3, e que houve uma mudança concomitante na composição da comunidade fúngica sob concentrações elevadas de O3. Assim, as alterações nas entradas de plantas no solo sob CO_2 e O3 elevados podem propagar-se através da rede alimentar microbiana para alterar o ciclo do C no solo.

Degraaff et al. (2006) sugerem que a imobilização microbiana de N aumenta a aclimatação do crescimento das plantas ao CO_2 elevado a longo prazo. Por conseguinte, o aumento da entrada de C no solo e o sequestro de C no solo sob CO_2 elevado só podem ser sustentados a longo prazo quando são fornecidos nutrientes adicionais.

Holmes et al. (2006) investigaram que os efeitos do CO_2 e do O3 nas taxas de mineralização do N estavam principalmente relacionados com alterações na produção de folhada, enquanto os efeitos na imobilização do N eram provavelmente influenciados por alterações na química e na produção de folhada. Os nossos resultados também indicam que os aumentos concomitantes de CO_2 e O3 atmosféricos podem levar a uma retroação negativa na disponibilidade de N.

Kandeler et al. (2006) estudaram a resposta das actividades enzimáticas microbianas do solo ao CO_2 elevado em ecossistemas de pastagens semi-áridas de diferentes profundidades do solo. Os resultados revelaram que a atividade da fosfatase aumentou significativamente nos 5 cm superiores do solo e que foi registada uma elevada atividade da fosfatase nos 20 cm superiores em condições de CO_2 elevado.

Kanerva et *al.* (2006) verificaram que o N total, o NO3 -N, o N da biomassa microbiana, a taxa de decomposição, a nitrificação potencial e a desnitrificação não foram afectados por níveis elevados de O3 e/ou CO_2. Conclui-se, portanto, que os futuros níveis ambientais de O3 e CO_2 propostos, como os utilizados nesta experiência, podem não induzir grandes alterações nos processos de N abaixo do solo em ecossistemas de prados de feno pobres em N do Norte da Europa.

Reich et al. (2006) indicam que a variabilidade na disponibilidade de N no solo e a deposição de N atmosférico são susceptíveis de influenciar a resposta da acumulação de biomassa vegetal ao CO_2 atmosférico elevado.

Xuexia et al. (2006) descobriram que a atividade da β-glucosidase com CO_2 atmosférico elevado diminuiu significativamente ($P < 0,05$) a baixas taxas de aplicação de N; não teve efeito significativo com uma taxa de aplicação normal de N; e aumentou significativamente ($P < 0,05$) com uma taxa de aplicação elevada de N. Para a atividade da urease, a taxas de aplicação de N baixas e normais (mas não a taxas de aplicação de N elevadas), o CO_2 atmosférico elevado aumentou significativamente ($P <$

0,05). Com a fosfatase ácida, o CO2 atmosférico elevado só teve efeitos significativos mais elevados (P < 0,05) com taxas de aplicação elevadas de N.

Feng et al. (2007) investigaram a resposta da atividade da urease a alterações climáticas simuladas. Neste estudo, a combinação de temperatura elevada e CO2 elevado aumentou significativamente a atividade em comparação com o CO2 elevado.

Maria et al. (2008) observaram a resposta dos fungos micorrízicos ao ar livre, ao enriquecimento com CO2 e à fertilização com azoto. Eles levantaram a hipótese de que os FMA se tornam mais prevalentes sob CO2 elevado, mas diminuem sob fertilização com N.

Andrew et al. (2009) relataram que a biomassa média total de esporocarpos foi maior sob CO2 elevado, independentemente da concentração de O3, enquanto foi geralmente menor sob O3 elevado com CO2 ambiente. A composição da comunidade diferiu significativamente entre os tratamentos, com menor diferença no último ano do estudo.

Vicca et al. (2009) estudaram os efeitos da colonização micorrízica num modelo de ecossistema de pastagem. O solo das pastagens foi subsequentemente inoculado com FMA em condições ambientais e a uma combinação de condições elevadas de CO2 e temperatura. Após a estação de crescimento, o solo inoculado revelou um efeito climático positivo na colonização radicular do FMA.

Deng et al. (2010) estudaram que o aumento da afetação de C abaixo do solo sob CO2 elevado poderia estimular o crescimento das raízes das plantas e aumentar a respiração autotrófica.

Kim et al. (2010). Estudaram as folhas de Q. gilva, uma planta em vias de extinção, que apresentavam uma relação C:N aumentada devido ao seu reduzido teor de azoto cultivado em condições de CO2 e temperatura elevadas.

Xuefeng et al. (2010) referiram que a atividade da desidrogenase foi significativamente influenciada por condições de CO2 elevado, indicando assim uma maior atividade microbiana do solo sob a influência de CO2 elevado.

Cheng et al. (2011) sugerem que deve ser dada mais atenção à avaliação do impacto da disponibilidade de N nas actividades microbianas e na decomposição nas projecções do balanço do C orgânico do solo em sistemas ricos em N em cenários futuros de CO2.

Das et al. (2011) verificaram que o efeito interativo do CO2 elevado e da temperatura na atividade enzimática do solo em solos tropicais de arroz. A maior atividade de desidrogenase foi registada no solo exposto a uma concentração elevada de CO2 (55ppm), enquanto a elevação da temperatura a 45^0 C registou a maior atividade de desidrogenase. No entanto, a interação global de CO2 e temperatura foi significativamente mais elevada do que as restantes condições alteradas.

Das et al. (2011) Investigaram que o CO2 elevado aumentou significativamente o teor médio de carbono da biomassa microbiana (MBC), em todos os solos, em relação ao controlo em 6,2%, 38,0% e 49,2% a 400,500 e 600 μmol mol-1 de concentração de CO2, respetivamente. As activities enzimáticas do solo (hidrolase de indiacetato fluorescente, desidrogenase, β-glicosidase, urease, fosfatases alcalinas e ácidas) também aumentaram significativamente, variando de 1,3% (urease) a 53,2% (fosfatase alcalina) sob CO2 elevado nos solos estudados.

Fang et al. (2011) Os resultados mostraram que, sob concentração elevada de CO2 na fase de junção, a alta taxa de aplicação de fertilizante químico N diminuiu significativamente a quantidade de biomassa microbiana do solo C em 64,97%, em comparação com a baixa taxa de aplicação de fertilizante químico N (p<0,01). No tratamento com baixa taxa de aplicação de fertilizante químico N, a concentração elevada de O3 diminuiu significativamente a quantidade de biomassa microbiana do solo C em 52,49% (p<0,05), em comparação com CK. No tratamento com baixa taxa de aplicação de fertilizante químico N, o CO2 elevado e a interação de CO2 e O3 aumentaram significativamente a quantidade de biomassa microbiana do solo C em 25,32% e 38,59% (p<0,05), em comparação com o CK, respetivamente.

Kelley et al. (2011) a nossa meta-análise revelou que, apesar das actividades enzimáticas variáveis com o CO2, a atividade da quitinase aumentou consistentemente com o CO2 nos ecossistemas.

Larsen et al. (2011) verificaram que a Calluna vulgaris e a Deschampsia flexuosa, espécies codominantes, cultivadas em condições de CO_2 elevado, apresentavam uma relação C:N mais elevada e uma concentração de N mais baixa do que as cultivadas em condições ambientais.

Saurav et al. (2011) relataram que a atividade da enzima desidrogenase foi significativamente aumentada no solo exposto a CO_2 elevado em comparação com a condição ambiente. A atividade da desidrogenase do solo aumentou acentuadamente do valor inicial de 34,84 para 140,59 g de TPF/grama de solo em CO_2 elevado, em comparação com o CO_2 ambiente, que registou uma atividade de 45,89 g de TPF/grama de solo.

Saurav et al. (2011) relataram que o carbono da biomassa microbiana no solo aumentou significativamente na condição de CO_2 elevado em comparação com a condição ambiente. O carbono da biomassa microbiana apresentou a maior subida em condições de CO_2 elevado. Como ascendeu do nível inicial de 369,47 ug/grama para 1188,07 ug/solo.

Weber et al. (2011) sugerem que as respostas são complexas, variam em diferentes ecossistemas e, pelo menos num caso, são específicas da OTU. Coletivamente, os nossos resultados documentam a complexidade das comunidades de fungos celulolíticos em múltiplos ecossistemas terrestres e a variabilidade das suas respostas à exposição a longo prazo ao CO_2 atmosférico elevado.

Guenet et al. (2012) relataram que o tratamento com CO_2 induziu um aumento significativo na atividade da fosfatase ácida e alcalina, no entanto a atividade da fosfatase ácida foi influenciada em maior medida devido à elevação do CO_2.

Lam et al. (2012) relataram que o CO_2 elevado geralmente aumentava a biomassa acima do solo do grão-de-bico (em 18-64%), ervilha-de-cheiro (em 24-57%) e barril de medicina (em 49-82%), mas o efeito era maior quando o P não era limitante. o CO_2 elevado aumentou a quantidade de N fixada pelo grão-de-bico (em 20-86%), ervilha-de-cheiro (em 44-51%) e ervilha-de-cheiro (em 114-250%) sob fertilização com P, mas não teve efeito significativo quando o P do solo era deficiente.

Rakshit et al. (2012) investigaram o impacto do CO_2 elevado e da tem. sobre o carbono da biomassa microbiana sob OTC. A maior quantidade de MBC foi registada com CO_2 elevado na fase de antese e maturidade da cultura (35,2% e 19,5%, respetivamente) em relação à concentração de CO_2 ambiente, enquanto o MBC diminuiu 2 - 17% a uma temperatura elevada. Além disso, este estudo também revelou um aumento do azoto da biomassa microbiana (MBN) sob a influência de condições de CO_2 elevado em comparação com a temperatura ambiente.

Sillen et al. (2012) investigaram o efeito positivo de níveis elevados de CO_2 e da fertilização com azoto no crescimento das plantas, mas revelaram que a disponibilidade de N é essencial para que o aumento do influxo de C sob CO_2 elevado se propague para os reservatórios de C abaixo do solo. As futuras concentrações elevadas de CO_2 e o aumento da deposição de N podem assim aumentar o armazenamento de C na biomassa das plantas, mas o potencial de aumento do armazenamento de C no solo é limitado.

Bhattacharya et al. (2013) observaram que as actividades enzimáticas no solo eram fortemente influenciadas pelo CO_2 elevado, bem como pelo efeito interativo do CO_2 elevado e da temperatura em câmaras de topo aberto (OTC).

Bhattacharyya et al. (2013) relataram que o conteúdo de carbono da biomassa microbiana aumentou significativamente sob CO_2 isolado, bem como sob CO_2 elevado mais temperatura, em comparação com as condições de CO_2 ambiente. Também observaram que o carbono da biomassa microbiana do solo foi influenciado pela cultura

e o máximo de MBC foi obtido na fase de iniciação da panícula sob CO_2 elevado e temperatura.

Procter et al. (2014) relataram que a riqueza de espécies fúngicas e a abundância relativa de Chytridiomycota (quitrídeos) aumentaram linearmente com o CO_2 na argila preta (P<0,04, R2>0.7), enquanto que a abundância relativa de Glomeromycota (fungos micorrízicos arbusculares) aumentou linearmente com o CO_2 elevado no solo franco-arenoso (P0.02, R20.63). Em ambos os solos, a taxa de decomposição foi positivamente correlacionada com a abundância relativa de quitrídeos (r0.57) e, no solo franco-argiloso, com a riqueza de espécies de fungos. Os resultados demonstram que o tipo de solo desempenha um papel fundamental na resposta dos fungos do solo ao armazenamento do CO_2

atmosférico.

Sharma et al. (2014) relataram que a exposição prolongada a co2 elevado induz a acumulação de grãos de amido nos cloroplastos, levando à distorção dos tilacóides. A taxa mais elevada de fotossíntese em plantas cultivadas com co2 elevado é acompanhada por um aumento do número de mitocôndrias para satisfazer a elevada procura de energia celular. A perturbação da estrutura e função dos organelos celulares pode também indicar um impacto mais amplo das alterações climáticas nos grupos de plantas (e animais).

Jin et al. (2015) Estudou É provável que ocorram aumentos significativos na demanda de P pelas plantas sob co2 elevado devido à estimulação da fotossíntese e às respostas de crescimento subsequentes. o co2 elevado altera a aquisição de P através de mudanças na morfologia da raiz e aumenta a profundidade de enraizamento. É necessária investigação futura sobre aspectos químicos, moleculares, microbiológicos e fisiológicos para melhorar a compreensão de como o co2 elevado pode afetar a utilização e aquisição de P pelas plantas.

Peltoniemi et al. (2015) esperavam que muitos resultados indicassem que a resposta microbiana ao aquecimento pode estar ligada ao regime de humidade. Os resultados indicaram que a comunidade microbiana no pântano do norte, que representa os solos do Ártico, seria mais sensível às alterações ambientais. A resposta às futuras alterações climáticas pode claramente variar mesmo dentro de um tipo de habitat, exemplificado aqui pelo pântano boreal.

Adak et al. (2016) este estudo destaca que o co2 elevado pode influenciar negativamente a persistência do pesticida, mas terá efeitos positivos nas actividades enzimáticas do solo.

Dey et al. (2016) relataram que o estudo conclui que a cultura de feijão-mungo cultivada sob condições elevadas de co2 acumula mais biomassa, que é ainda melhorada pela aplicação de nutrientes P e inoculação de cianobactérias.

Davidson et al. (2016) estudaram As concentrações de amido foliar e de hidratos de carbono não estruturais totais foram maiores nas árvores cultivadas em co2 elevado. Além disso, não houve diferenças significativas entre os tratamentos no crescimento incremental de rebentos ou no número de rebentos laterais estilizados.

Mukherjee et al. (2016) este estudo revelou que a flubendiamida persistiu mais tempo em condições exteriores (T1/2, 177,0 e 181,1 dias) do que em condições ambientais (T1/2, 168,4 e 172,3 dias) e em condições elevadas (T1/2, 159,3 e 155,3 dias) a 1 e 10 µgg -1 de nível de fortificação, respetivamente. Os resultados também revelaram que a flubendiamida se dissipou mais rapidamente a 40 °C (T1/2, 189,4 dias) do que a 25 °C (T1/2, 225,3 dias).

Sarathambal et al. (2016) estudaram o co2 elevado e a temperatura nas enzimas do solo. Descobrimos que o enriquecimento de dióxido de carbono aumentou significativamente as enzimas do solo como a desidrogenase, a hidrólise do diacetato de fluoresceína (FDA) e a atividade da urease na rizosfera das ervas daninhas do que nas culturas.

Sahoo et al. (2017) O presente estudo revelou que a aplicação de AMF juntamente com a dose recomendada de fertilizantes (80:40:40 NPK kg ha-1) melhora significativamente a colonização micorrízica da raiz, a esporulação e a absorção de P da planta em arroz anaeróbico sob condições ambientais e de co2 elevado.

Sun et al. (2017) mostraram que o co2 elevado aumentou as emissões de co2 do solo, consistente com o aumento da biomassa microbiana e a abundância de fungos micorrízicos arbusculares e actinomicetos. Em nosso estudo, o co2 elevado aumentou as emissões de GEE do solo e o potencial cumulativo de aquecimento global em 27,8%, causando um importante feedback positivo para as mudanças climáticas.

Williams et al. (2018) Relataram este estudo, a colonização da rizosfera por WCS417 em solo com conteúdo relativamente baixo de C e N aumentou de sub-ambiente para co2 elevado. Coletivamente, nossos resultados demonstram que a interação entre o co2 atmosférico e o estado nutricional do solo tem um impacto profundo nas respostas das plantas às rizobactérias.

Zhao et al. (2018) Os resultados indicaram que a fertilização química e os solos de devolução da palha aumentaram de forma diferente a decomposição da palha devido aos diferentes aumentos das fracções microbianas e das actividades enzimáticas do solo quando comparados com o solo sem fertilizante, e o processo de decomposição estava mais estreitamente correlacionado com as enzimas de obtenção de C do que com as fracções microbianas.

Anjali et al. (2019) Estudaram a complexidade e a interdependência de muitos dos factores das alterações climáticas que influenciam as propriedades microbianas do solo, como a biomassa microbiana e a diversidade da biomassa, a taxa de decomposição da matéria orgânica, os ciclos do C e do N, as propriedades químicas do solo, como o pH, a CE, a disponibilidade de nutrientes e as propriedades físicas, como a porosidade, a estabilidade dos agregados e a erosão do solo.

Karthishwaran et al. (2020) revelaram que a concentração elevada de CO_2, por si só, aumentou os parâmetros de crescimento, ao passo que o tratamento com UV-B afectou significativamente o crescimento da planta relativamente à regulação. As observações enzimáticas mostraram que um aumento das enzimas antioxidantes pode afetar uma resposta de defesa aos danos celulares induzidos pelo stress abiótico.

Os resultados de Yao et al. (2020) indicam que a deposição de N pode exacerbar o efeito negativo do Cd na Rs em florestas contaminadas com Cd e beneficiar o sequestro de carbono do solo no futuro, com o aumento dos níveis de CO_2 atmosférico.

CAPÍTULO 3

MATERIAIS E MÉTODOS

A presente investigação intitulada "Produtividade, qualidade e fertilidade do solo do amendoim (Arachis hypogaea L.) com dióxido de carbono elevado" foi realizada durante a kharif 2019 na quinta de investigação, RVSKVV, Faculdade de Agricultura, Gwalior; Madhya Pradesh. O presente capítulo trata de uma breve descrição dos métodos seguidos e dos materiais utilizados durante o período de investigação.

Configuração experimental

A experiência foi realizada na câmara de topo aberto (OTC) na quinta de investigação, College of Agriculture, Gwalior, durante a kharif de 2019-2020, com uma topografia bastante uniforme, com um declive suave e condições de drenagem adequadas. As OTC foram desenvolvidas com o objetivo de confinar o gás CO_2 em torno das plantas experimentais, a fim de examinar o efeito do CO_2 elevado no rendimento e nos nutrientes das plantas, onde a estrutura metálica básica instalada no campo seria coberta com material altamente transparente Folha de PVC (cloreto de polivinila) para permitir o máximo de luz natural e é aberta no topo para evitar o acúmulo de temperatura e umidade relativa.

Figura 1. Vista geral do local de experimentação mostrando as câmaras de topo aberto cobertas

com placas de policarbonato

Localização, clima e dados meteorológicos

Gwalior está situada a 26°13' de latitude norte e 78°14' de longitude leste e está a 206 metros acima do nível médio do mar. Situa-se na zona norte de M. P. e tem um clima subtropical, com um calor extremo de cerca de 48°C no verão e uma temperatura mínima de 4,1°C no inverno. A precipitação anual varia entre 750 e 800 mm, a maior parte da qual é recebida entre o final de junho e o final de

setembro, com poucos aguaceiros nos meses de inverno. As condições meteorológicas foram normais durante a época de colheita, com uma temperatura média máxima e mínima durante o período de crescimento de 35,2°C e 24,5°C, respetivamente. A precipitação total recebida durante o período de crescimento da cultura, de julho a outubro de 2019, foi de 907,4 mm. A precipitação foi observada escassa e desigualmente distribuída durante o período de crescimento da cultura. A humidade relativa apresentou flutuações consideráveis durante o período de crescimento da cultura. A humidade relativa máxima durante o crescimento da cultura atingiu 87,8% no mês de setembro e a humidade relativa mínima registada foi de 36,5% no mês de outubro. Os dados meteorológicos relevantes durante a época de cultivo são apresentados no Quadro 1

Conceção do sistema OTC

A câmara de topo aberto (OTC) é uma das abordagens predominantes para estudar as respostas das plantas e dos micróbios do solo ao dióxido de carbono e à temperatura elevados. As três câmaras experimentais têm condições climáticas diferentes. Todas as câmaras estavam viradas para sul e colocadas numa área aberta no campo, onde se evitou o sombreamento mútuo ou o sombreamento por outros objectos. Cada câmara tinha a mesma dimensão de 1,5m×1,5m×2,0m (comprimento × largura × altura), coberta com uma folha de polietileno transparente (0,5 mm de espessura, marca: sabic innovative plastic, EUA), que era transparente aos raios UV e permitia uma transmissão de luz até 86%. Todas as câmaras tinham uma abertura circular no topo da câmara (15 cm de diâmetro). A estrutura básica do OTCS foi fabricada com tubos de ferro galvanizado e coberta com folhas de policarbonato de parede dupla com 6 mm de espessura que retêm o ar e também proporcionam isolamento térmico. A superfície curva (plenum) na parte inferior foi coberta com policarbonato de 0,5 de espessura juntamente com mais uma camada de camada estabilizada aos raios UV. A 2,4 m de altura de cada câmara, é mantido um fruste com um ângulo de 0,6 m em direção ao interior, a fim de proteger o OTC

Contra ventos fortes e vibrações moderadas, a parte superior da câmara foi mantida aberta para manter as condições quase naturais de temperatura e humidade relativa.

Com a ajuda de termo-higrómetros, mediram-se continuamente as temperaturas mínimas e máximas diárias no interior e no exterior da câmara.

Controlo ambiental no interior das câmaras experimentais

Fornecimento de CO_2 em OTC

A concentração elevada de CO_2 no interior da câmara foi mantida através da injeção de CO_2 das garrafas de CO_2 todos os dias do período experimental. o CO_2 foi injetado quatro vezes por dia, às 9:00, 11:00, 13:00 e 15:00, durante todo o período de estudo. A concentração de CO_2 no exterior e no interior da câmara foi recolhida antes e depois da injeção de CO_2 na câmara com a ajuda de uma seringa de 20 ml. O CO2 recolhido foi analisado continuamente com um analisador de CO_2.

Controlo e monitorização do CO_2

O equipamento para monitorizar e controlar os níveis de CO_2 na OTCS foi totalmente automatizado e o nível desejado de CO_2 (450 ppm) e (500 ppm) foi mantido durante todo o período da experiência na OTC com a ajuda de um analisador de gás CO_2 em linha (sistema pp, UAS) controlado por microprocessador baseado em NDIR.

Tabela 1: Dados metrológicos semanais para o período de crescimento da cultura

N.º de semanas	Data	Temperatura (°C)		Humidade (%)		Queda de chuva (mm)
		Máximo	Mínimo	Manhã	Noite	

23	4 a 10 de junho	45.8	29.1	40.6	19.7	0
24	11 a 17 de junho	42.7	29.4	45.6	39.4	10.8
25	18 a 24 de junho	37.3	25.3	79.3	51.4	72.8
26	junho julho 25 -1	40.4	27.9	66.3	36.4	10.2
27	2 a 8 de julho	35.3	24.8	39	63	128.6
28	9 a 15 de julho	34.5	26.4	79.4	59.3	48.2
29	16-22 de julho	37.7	26.4	75.4	45	2.4
30	23-29 de julho	35.1	25.7	85.1	65	38.6
31	30 a 5 de agosto	33.2	25.9	91.3	64.3	9.2
32	6 a 12 de agosto	32.9	24.9	89.1	66.1	224
33	13-19 de agosto	31.1	24.1	91.1	84	59.8
34	20-26 de agosto	32.3	24.4	89.9	72.1	117.8
35	Ago. Set. 27-2	33.5	25.2	90.1	66.7	21.8
36	3 a 9 de setembro	33.7	25.1	90.3	67.6	68.4
37	10 a 16 de setembro	32	23	94.3	78.3	67.9
38	17-23 de setembro	29	22.2	94.1	77.1	123.8
39	24 a 30 de setembro	31.6	21.5	95.7	80	73.6
40	1 a 7 de outubro	33.2	18	90.8	60	314
41	8 a 14 de outubro	32.6	17.5	32.2	40.7	0
42	15-21 de outubro	31.5	14.1	90.5	44.4	0
43	22 a 28 de outubro	33.2	18	89.4	31.7	0
44	Out. Nov. 29-4	32	16.4	89	42.28	0
		Total				**907.4**

Fonte: Observatório Meteorológico, Escola Superior de Agricultura, Gwalior (M.P.)

Analisador de CO_2

Todas as COT tinham uma linha de sucção para medir a concentração de CO_2 e sensores para monitorizar a humidade e a temperatura do solo (vegtronics, EUA), a temperatura do ar, o sensor de humidade (rotronic, Suíça) e a temperatura da copa das árvores. A OTC ambiente tinha uma linha de sucção para medir a concentração de CO_2 e sensores para monitorizar a humidade do solo, a temperatura do solo, a temperatura e a humidade do ar. A parcela de referência tinha sensores para monitorizar todas estas variáveis, como a humidade do solo, a temperatura do solo, a temperatura do ar, a humidade, a temperatura da copa das árvores e também um sensor para a radiação PAR (Fig.2)

As informações de todos os sensores acima são recebidas pelo sistema "OT-MATIC" e utilizadas para manter a concentração desejada de CO_2 e

temperatura na câmara OTC. O medidor de caudal mássico térmico (siargo, EUA), instalado na tubagem de CO_2, indicou o caudal atual. O ar foi recolhido do centro da câmara OTC e bombeado para um analisador de gás infravermelho não dispersivo (PP System, EUA) que monitorizou continuamente a concentração de CO_2. o CO_2 puro foi libertado próximo da velocidade sónica, através de um grande número de pequenos jactos, provocando uma rápida mistura entre o CO_2 e o ar, evitando assim a formação de gradientes no interior da OTC. Foram instalados termómetros de infravermelhos (Apogee Instruments, EUA) para medir a temperatura da copa das árvores nos OTCS.

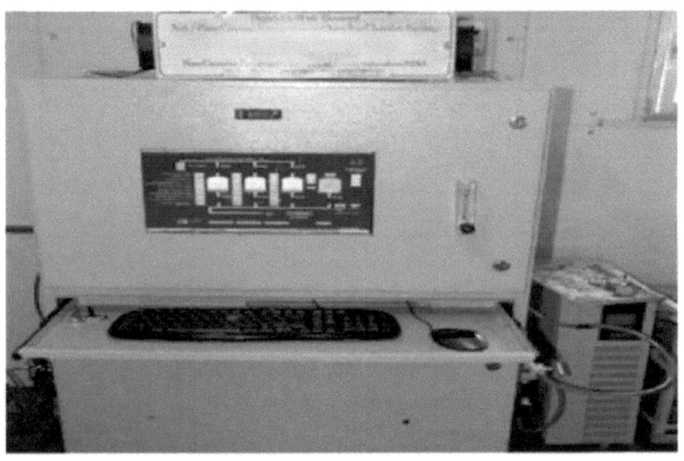

Fig. 2. Sistema automático em linha de controlo do CO_2 e da temperatura

Controlo da humidade relativa

A humidade relativa no interior das câmaras foi calculada através de um termohigrómetro. A humidade relativa máxima atingível foi de 99%.

Detalhes experimentais

Detalhes da experiência :	RBD (Dois factores sem replicação)	
Factores (02)		
FactorA Níveis de CO2	1.0 Atmosfera aberta	
	2. CO2 ambiente	
	3.CO2 concentração 450 ppm	
	4. concentração de CO2 500 ppm	
Genótipos do fator B	1.TG 86	
	2.TG 84	
	3.TG 82	
	4. Mallika	
	5.Gangapuri	

Para a presente experiência, foram selecionadas três câmaras de topo aberto com um diâmetro de 8 m na quinta de investigação do Departamento de Agronomia, Faculdade de Agricultura, RVSKVV, Gwalior. A cultura do amendoim foi cultivada nas câmaras, bem como em condições naturais. A primeira câmara de topo aberto foi mantida com 40

A primeira câmara foi equipada com um nível elevado de CO_2 de 450 ppm, a segunda câmara com um nível elevado de CO_2 de 500 ppm e a terceira câmara com CO_2 ambiente, que constituiu o tratamento de controlo para o presente estudo. O gás dióxido de carbono foi fornecido às câmaras e manteve os níveis necessários de CO_2 através de reguladores de gás, condutas de pressão, válvulas solenóides, amostradores, analisador de CO_2 e SCADA. O CO_2 foi mantido das 10 às 17 horas todos os dias até ao final da experiência. Foi também utilizada uma condição natural de acordo com os diâmetros da OTC.

Análise físico-química do solo

O solo do campo experimental era de textura franco-argilosa arenosa. Três amostras de solo, desde a superfície até 15 cm de profundidade, foram colhidas aleatoriamente em cada parcela OTC antes da sementeira da cultura, com a ajuda de um trado de solo, e uma amostra composta, feita após a mistura de todas elas, foi analisada em laboratório quanto à composição mecânica e química. A leitura do quadro 2 mostra que a

A percentagem de areia foi maior em comparação com outras fracções. Assim, o solo é classificado como franco-argiloso arenoso com baixa agregação. Os dados relativos a vários componentes químicos mostram claramente que o solo do campo experimental era pobre em carbono orgânico, azoto disponível e potássio disponível, mas médio em teor de fósforo disponível.

Tabela 2. Análise físico-química do solo

Composição física do solo		
Componente	**Peso (%)**	**Método utilizado**
Areia	58.34	Método do hidrómetro de Bouyoucos, descrito por Bouyoucos (1936)
Silte	19.82	
Argila	21.84	
Classe textural	Argila arenosa	Método do triângulo
Composição química do solo		
Parâmetros do solo	**Valor**	**Métodos utilizados**
PH(T2)	7.74	Medidor de pH com elétrodo de vidro (Jackson, 1973)
Condutividade eléctrica (dS/m)	0.45	Método de Solubridge (Jackson, 1973)
Carbono orgânico (%)	0.44	Método de Walkley e Black (1934)
Azoto disponível (kg/ha)	194.6	Método do permanganato de alcalino (Subbiah e Asija, 1956)
Fósforo disponível (kg/ha)	15.8	Método de Olsen (Olsen et al., 1954)
Potássio disponível (kg/ha)	227.6	Fotómetro de chama (Jackson, 1973)

Tabela 3. Calendário de uma experiência

S.N.	Operações	Data	observação
1.	Preparação do terreno	30/06/2019	Manualmente
2.	Tratamento de sementes	07/07/2019	Manualmente
3.	Aplicação da cultura de rizóbios	07/07/2019	Manualmente
4.	Data de sementeira	07/07/2019	Manualmente
5.	Aplicação de fertilizantes	07/07/2019	Manualmente
6.	Aplicação de gesso	07/07/2019 e 20/08/2020	Manualmente
7.	Irrigação fornecida (gota a gota) I	18/07/2020	Manualmente
	II	04/08/2020	
	III	05/09/2020	
	IV	09/10/2020	
8.	Pulverização de herbicida	21/07/2020	Manualmente
9.	Monda manual I	25/08/2019	Manualmente
	II	03/09/2019	
10.	Proteção das plantas Pulverização de insecticidas e fungicidas	22/08/2019, 02/09/2019, 15/09/2019	Manualmente
11.	Colheita	28/10/2019	Manualmente

Caraterísticas da variedade

Mallika (ICHG-00440)

Pedigree	(ICGV - 88386X ASHFORD) X ICGV - 95172
Produção de vagens (kg/ha)	2,579
Rendimento do grão (kg/ha)	1,754
Teor de óleo (%)	48.0
Dias até ao vencimento	125-130
Caraterística morfológica	Folíolos verde-escuros, médios, elípticos; constrição e reticulação da vagem médias; vagem com 2 sementes; dez testa
Caraterística especial	Sementes arrojadas (73,0g/ 100 grãos); resistente à podridão do colo e à PBND

Gangapuri

Produção de vagens (kg/ha)	2,000
Rendimento do grão (kg/ha)	1,194
Teor de óleo (%)	49.5
Dias até ao vencimento	95-105
Caraterística morfológica	Folhas grandes, oblongas, verde-claro; vagens apertadas, com 3-4 sementes; testa roxa
Caraterística especial	Maturidade precoce; adequado para uso na mesa

Operações culturais

Preparação do terreno

O campo foi limpo antes da sementeira. Foram removidas pedras, seixos e outras plantas indesejadas. O sistema de gotejamento existe no OTC. O campo experimental foi devidamente preparado na 3ª semana de junho de 2019, após a receção de chuvas suficientes.

Tratamento de sementes e inoculação

As sementes de amendoim foram tratadas com fungicida Dithane M45 @2g/kg de semente e Bavistin @1g/kg de semente para prevenir doenças transmitidas pelas sementes. Seguiu-se a inoculação com cultura de Rhizobium a 5 g/kg de semente.

Aplicação de fertilizantes

As doses de fertilizante foram calculadas para cada câmara e aplicadas de acordo com as necessidades dos tratamentos. O gesso foi aplicado no solo a 200kg/ha. A dose completa de nitrogénio, fósforo e potássio foi aplicada como dose basal no momento da sementeira sob a forma de ureia, superfosfato simples e muriato de potássio, respetivamente. Os fertilizantes foram bem misturados com o solo.

Taxa de sementeira e sementeira

A cultura foi semeada utilizando a taxa de sementes recomendada de 100 kg/ha. Os sulcos foram abertos com um espaçamento entre linhas de 30 cm e as sementes tratadas foram uniformemente espalhadas com um espaçamento de 10 cm dentro das linhas a uma profundidade de 5 cm e imediatamente cobertas com o solo. A semeadura foi feita em 07/07/2019.

Irrigação e monda manual

A câmara OTC foi irrigada com sistema de irrigação por gotejamento regularmente, dependendo do nível de humidade do solo. Três capinas manuais foram efectuadas aos 15, 30 e 45 dias após a sementeira (DAS) para o amendoim.

Medidas fitossanitárias

Observou-se uma elevada incidência de tripes e do vírus da necrose dos gomos durante o crescimento da cultura e uma incidência menor de doenças fúngicas como o míldio, o míldio tardio e a podridão do caule, que foram controladas através da aplicação de Imidaclopride (@ 1ml/3 litro de água) + Mancozeb (@2g/litro) na altura da sua ocorrência.

Colheita

A cultura colhida foi seca durante duas a três datas em pequenos montes. Após a secagem completa, as vagens das plantas foram arrancadas à mão. O descasque foi efectuado manualmente. As sementes foram peneiradas, limpas e o peso das sementes/planta foi registado e expresso em gramas/planta.

Observações registadas

Parâmetros de crescimento

As seguintes observações foram registadas em cinco plantas selecionadas aleatoriamente em cada OTC. As observações foram efectuadas aos 30, 45, 60 e 90 DAS.

População inicial e final de plantas/6m^2

O número de plantas foi contado em quatro linhas para cada genótipo em cada câmara e a população inicial (20 DAS) e final (na colheita) de plantas foi expressa em plantas/6m^2

Altura da planta (cm)

Foram selecionadas aleatoriamente cinco plantas de cada câmara e marcadas. A altura de cada planta etiquetada de 05 genótipos foi medida da base até à ponta do caule principal aos 30, 60 e 90 DAS. A altura média da planta (cm) em cada fase de crescimento foi calculada e registada como altura da planta (cm) nas respectivas fases.

Número de ramos/planta

O número de ramos de cinco plantas já marcadas de cada genótipo foi contado aos 30, 60 e 90 DAS. O número médio de ramos em cada unidade experimental nas fases de crescimento acima referidas foi calculado e expresso em número de ramos/planta.

Dias até 50% de floração e dias até 50% de maturação

O número de dias necessários para a floração do primeiro botão floral em 50 % das plantas em cada câmara de enriquecimento com CO2 foi registado e expresso como dias necessários para 50 % da floração. Da mesma forma, o número de dias necessários para atingir a maturidade em 50 % das plantas em cada câmara de enriquecimento com CO2 foi registado e expresso em dias necessários para 50 % da maturidade.

Número de nódulos/planta

Das plantas selecionadas ao acaso, o solo aderente foi lavado com água e os nódulos foram retirados com a ajuda de uma pinça e contados. A média dos nódulos de cinco plantas foi calculada e registada como número de nódulos/planta aos 30, 60 e 90 DAS.

Acumulação de matéria seca (gm/planta)

A acumulação de matéria seca foi registada aos 30 e 60 DAS e na colheita. Foram selecionadas aleatoriamente cinco plantas, arrancadas das filas de amostragem de cada câmara e, depois de removida a parte da raiz, as amostras foram secas ao sol durante alguns dias e depois secas em estufa a 70°C durante 72 horas até peso constante. O peso foi registado utilizando uma balança eletrónica e expresso como acumulação de matéria seca g/planta.

Parâmetros fisiológicos

Índice de área foliar (LAI)

As folhas de cinco plantas selecionadas aleatoriamente de cada parcela foram utilizadas para medir a área foliar aos 30, 60 e 90 DAS com a ajuda de um medidor de área foliar portátil. Em seguida, o índice de área foliar (LAI) foi calculado utilizando a fórmula dada por Watson (1953).

$$\text{LAI} = \frac{\text{Total leaf area(cm2)}}{\text{Ground leaf area(cm2)}}$$

Clorofila total (mg/gm)

Tomou-se um grama de folhas frescas e triturou-se em almofariz de pilão com acetona a 80%. Após três extracções com acetona, procedeu-se à centrifugação da amostra. Após a centrifugação, foi retirada uma alíquota e o volume foi completado até 100 ml com acetona a 80 %. A leitura espectrofotométrica da absorvância das amostras foi efectuada a 663 nm e 665 nm. A clorofila a e a clorofila b são calculadas utilizando a seguinte fórmula (Jeffrey e Humphrey, 1975).

$$\textit{Clorofila a} = 12{,}7\ (4663) - 2{,}69\ (4645) \times V / 1000 \times w$$
$$\textit{Clorofila b} = 22{,}9\ (4645) - 4{,}68\ (4663) \times V / 1000 \times w$$

Onde,

V = volume final de

amostraW = peso de

amostra

Clorofila total = clorofila a + clorofila b

Rendimento e atributos do rendimento

Número total de vagens/planta

O número total de vagens bem desenvolvidas foi colhido e contado em cinco plantas marcadas de cada câmara aquando da colheita e a média foi registada como o número de vagens maduras/planta.

Número de grãos/planta

Foi registado o número médio de grãos/planta. As vagens foram secas ao ar e pesadas.

Peso seco da vagem/planta (gm)

Após a colheita, foram colhidas vagens bem desenvolvidas de cinco plantas selecionadas aleatoriamente de cada câmara e deixadas a secar durante duas semanas. Depois disso, foram medidos os pesos das vagens e a média dos pesos das vagens de cinco plantas selecionadas foi expressa como peso seco das vagens/planta. Peso de 100 grãos (gm)

Os grãos obtidos a partir das vagens descascadas foram bem misturados e foram contadas 100 sementes de cada parcela líquida e o peso foi registado como peso de 100 grãos.

Descasque (%)

500 vagens bem maduras e secas ao sol de uma amostra de cada parcela foram descascadas manualmente e a percentagem de descasque foi calculada dividindo o peso dos grãos pelo peso das vagens colhidas e expressa em (%).

$$\text{Descasque \% } = \frac{\text{Kernel weight (gm)}}{\text{Dried pod weight (gm)}} \times 100$$

Miolo maduro e sadio (%)

Cem gramas de grãos foram retirados de cada tratamento, os grãos maduros e sãos foram separados, pesados e calculados através da fórmula.

$$\text{Miolo maduro e sadio \% } = \frac{\text{Weight of sound mature kernels}}{\text{Dry weight of kernels (100 g)}} \times 100$$

Produção de vagens/planta (gm)

Após a colheita da cultura, as vagens foram separadas das plantas e secas ao sol durante 3-4 dias. As vagens secas foram pesadas numa balança física e o rendimento foi registado, sendo expresso como rendimento de vagens em g/planta.

Rendimento de grãos/planta (gm)

A colheita foi debulhada e a produção de grãos/planta (gm) foi estimada com a seguinte fórmula: a produção de vagens foi multiplicada pela respectiva percentagem de descasque e dividida por 100.

$$\text{Rendimento do grão \%} = \frac{\text{Pod yield} \times \text{Shelling}}{\%100} \quad \text{Rendimento do grão/planta (gm)}$$

Depois de separar as vagens e de as secar completamente ao sol durante uma semana, o rendimento em seco de cada parcela de rede na colheita foi registado e calculado em gm/planta.

Índice de colheita (%)

O índice de colheita foi calculado utilizando a fórmula dada por Donald e Hamblin, 1976, que é expressa como

$$\text{Índice de colheita (\%)} = \frac{Economic\ yield(gm)/plant}{\text{Biological yield (gm)/plant}}$$

Amostragem e análise do solo

As amostras representativas do solo (0-15 cm) de cada parcela foram recolhidas após a colheita da cultura com a ajuda de um trado de solo. Cada amostra foi seca ao ar e peneirada numa peneira de 2 mm. As amostras preparadas foram utilizadas para as seguintes determinações por métodos normalizados.

pH do solo

O pH do solo foi determinado com um medidor de pH de elétrodo de vidro, utilizando uma suspensão de solo e água 1:2.

Condutividade eléctrica (dSm)$^{-1}$

O líquido sobrenadante da suspensão de solo anteriormente utilizado para a determinação do pH foi utilizado para a determinação da condutividade eléctrica através de um medidor de condutividade.

Carbono orgânico

O carbono orgânico foi estimado pelo método de Walkley-Black (1934). Neste método, a matéria orgânica do solo é oxidada com uma mistura de dicromato de potássio ($K_2Cr_2O_7$) e H_2SO_4 concentrado, utilizando o calor de diluição do H_2SO_4. O $K_2Cr_2O_7$ não utilizado é novamente titulado com sulfato ferroso de amónio.

Azoto disponível

O azoto disponível foi estimado pelo método alcalino $KMnO_4$, em que a matéria orgânica do solo foi oxidada com uma solução alcalina quente de $KMnO_4$. O amoníaco (NH_3) que se desenvolveu durante a oxidação foi destilado e retido numa solução indicadora mista de ácido bórico. A quantidade de NH_3 retida foi estimada por titulação com ácido padrão (Subbaiah e Asija, 1956).

Fósforo disponível

O fósforo disponível no solo foi extraído com NaHCO3 0,5 M (pH 8,5) (Olsen et al., 1954). O teor de fósforo no extrato foi determinado pelo método do ácido ascórbico redutor utilizando um espetrofotómetro a 670 nm de comprimento de onda (Jackson, 1973).

Potássio disponível

O solo foi extraído com acetato de amónio normal neutro e o teor de potássio no extrato foi estimado por fotómetro de chama (Jackson, 1973).

Parâmetros de qualidade

Teor de proteínas (%)

A amostragem foi feita selecionando grãos sãos e maduros do produto. As amostras foram moídas até à obtenção de uma farinha fina e utilizadas para a estimativa das proteínas pelo método NIR (Dickey John, Instalab 700). Todas as amostras foram analisadas em triplicado. No método NIR, a substância a analisar é irradiada com radiações NIR e a radiação reflectida ou transmitida é medida. Para a preparação dos ésteres metílicos, seguiu-se o protocolo descrito por Misra e Mathur (1998). Para o efeito, num tubo de ensaio de 10 ml com tampa de rosca, misturaram-se 200 µl de óleo com 3 ml de hexano, mantendo-se durante 1 h a temperatura ambiente com agitação intermitente. No mesmo tubo, foram adicionados 3 ml de metóxido de sódio recentemente preparado (80 mg de NaOH em 100 ml de metanol) e incubados à temperatura ambiente durante 30 minutos, seguindo-se a adição de 3 ml de cloreto de sódio aquoso a 0,8 % e agitando-se bem. Após 5 minutos, a camada superior de hexano que contém os ésteres metílicos foi transferida para outro tubo de centrifugação que já continha 100 mg de sulfato de sódio anidro. A camada de hexano que contém os ésteres metílicos foi utilizada para a análise em cromatógrafo de fase gasosa (Netel India Ltd., modelo MICHRO 9100), utilizando uma coluna de 15 % de DEGS.

Rendimento proteico/planta (gm)

O rendimento proteico g/planta foi calculado com base no teor proteico do grão (%) e no rendimento do grão (g/planta) do amendoim e calculado através da fórmula dada:

Rendimento de proteínas (g)/planta =

$$\frac{\text{Kernel protien content (\%)} \times \text{Kernel}}{\text{yield(gm)/plant100}}$$

Teor de óleo (%)

O teor de óleo da amêndoa de amendoim foi estimado pela técnica de ressonância magnética nuclear (RMN) de pulso (Tiwari e Burk, 1980), pelo método de pesagem e secagem. A) Foram recolhidas diferentes quantidades de óleo puro (por ordem crescente) e os seus sinais de RMN foram medidos. Os sinais foram representados em função do peso do óleo. O declive e a interceção da curva foram calculados utilizando a equação de regressão. B) Os grãos foram secos na estufa durante uma noite a 105° C para remover completamente a humidade. Em seguida, os grãos secos foram deixados arrefecer em exsicadores. O peso dos grãos (até à altura da amostra do tubo) foi medido. O sinal de RMN dessa amostra foi anotado. C) O teor de óleo foi calculado utilizando a fórmula:

$$Oil \% = \frac{(Signal \pm intercept}{Weight\ of\ kernels \times Slope\ of\ calibration\ curve} \times 100$$

Peso dos grãos × declive da curva de calibração

Rendimento de óleo/planta (gm)

O rendimento de óleo/planta (gm) foi calculado com base no teor de óleo da amêndoa (%) e no rendimento de amêndoa/planta (gm) do amendoim e calculado através da fórmula dada:

$$\text{Oil yield(gm)/plant} = \frac{\text{Kernel oil content (\%)} \times \text{Kernel yield (gm)/plant}}{100}$$

Propriedades biológicas do solo

Enumeração da microflora rizosférica do solo

Enumeração da população de bactérias

A contagem do total de bactérias do solo foi efectuada de acordo com o método padrão de contagem de placas aeróbias indicado por (Bunt e Rovira, 1955) utilizando meio de ágar nutriente. Dez gramas de amostra de solo foram transferidos para 90 ml de água esterilizada em branco e diluídos em série até 10^{-6}. Além disso, foi retirado um ml de uma alíquota de 10^{-6} diluente e distribuído numa placa de Petri estéril com meio de ágar nutriente. As colónias bacterianas foram enumeradas após 24 - 48 horas de incubação a 37^{0} C e expressas como número de unidades formadoras de colónias (CFU gm)/peso seco do solo.

Enumeração da população de fungos

A contagem de fungos foi efectuada de acordo com o método padrão de contagem de placas aeróbias (Bunt e Rovira, 1955) utilizando o meio de ágar rosa de Bengala de Martin. Dez gramas de amostra de solo foram transferidos para 90 ml de diluente e diluídos em série até 10^{-6}. Além disso, foi retirado um ml de uma alíquota de 10^{-4} diluente e distribuído numa placa de Petri estéril com o meio de rosa Bengala de Martin. As colónias de fungos foram enumeradas após 6 a 7 dias de incubação a 32^{0} C e expressas como número de unidades formadoras de colónias (CFU/gm)/peso seco do solo.

Enumeração de actinomicetos

A contagem de actinomicetos foi efectuada de acordo com o método normalizado de contagem de placas aeróbias (Bunt e Rovira, 1955) utilizando o meio de ágar de Kuster. Dez gramas de amostra de solo foram transferidos para 90 ml de diluente e diluídos em série até 10^{-6}. Além disso, foi retirado um ml de uma alíquota de 10^{-4} diluente e distribuído numa placa de Petri estéril com meio de ágar Kuster. As colónias de actinomicetos foram enumeradas 6 a 7 dias após a incubação a 32^{0} C e expressas como número de unidades formadoras de colónias (CFU/gm)/peso seco do solo.

Estimativa das actividades enzimáticas do solo

Estimativa da atividade da desidrogenase

A atividade da desidrogenase nas amostras de solo foi determinada seguindo o procedimento descrito por Casida et al (1964). Dez gramas de solo e 0,2 gmCaCO3 foram cuidadosamente misturados e distribuídos em tubos de ensaio. A cada tubo, foram adicionados um ml de solução aquosa a 3 por cento de cloreto de 2, 3, 5 - trifenil tetrazólio (TTC), um ml de solução de glucose a um por cento e oito ml de água destilada. Esta quantidade foi suficiente para deixar uma fina película de água sobre a camada de solo. Os tubos foram rolhados com uma rolha de borracha e incubados a 30 C durante 24 h. No fim da incubação, o conteúdo do tubo foi lavado para um pequeno copo e foi feita uma pasta adicionando 10 ml de metanol. A pasta foi filtrada com papel de filtro What Man n.º 50. A lavagem repetida do solo com um ml de metanol foi continuada até o filtrado ficar sem cor vermelha. O filtrado foi reunido e completado até 50 ml com metanol num balão volumétrico. A intensidade da cor vermelha foi medida a 485 nm contra metanol como branco, utilizando um espetrofotómetro UV- Vis.

(Thermos scientific, EUA). A concentração de formazan nas amostras de solo foi determinada por referência a uma curva padrão preparada utilizando uma concentração gradual de formazan. Os resultados foram expressos em ug de trifenil formazan (TPF) formado/gm de solo/dia.

Estimativa da atividade da urease

A atividade da urease das amostras de solo foi determinada de acordo com o procedimento de Tabatabai e Bremner (1972). Dez gramas de amostras de solo foram tratadas com 1 ml de tolueno e 10 ml de tampão fosfato e incubadas a 30^0 C durante 24 h. Após a incubação, foram adicionados 15 ml de KCL 1N e o conteúdo foi filtrado através de Whatman NO.42. O volume do filtrado foi completado até 100 ml com água destilada. A 1 ml do extrato foram adicionados 2 ml de tartarato de sódio a 10%, 0,5 ml de reagente de Nesseler e incubados durante 30 minutos, tendo o volume sido completado para 25 ml com água destilada. A cor (amarela) desenvolvida foi lida a 619 nm em relação ao branco (sem solução de ureia) utilizando um espetrofotómetro UV-vis (thermos scientific, EUA). Os resultados foram expressos em ug NH4 - N/gm de solo/dia.

Estimativa da fosfatase alcalina

A atividade da fosfatase alcalina nas amostras de solo foi determinada de acordo com o procedimento de Tabatabai e Bremner (1969). Colocou-se um grama de amostra de solo num balão de Erlenmeyer de 50 ml, ao qual se adicionou 0,2 ml de tolueno e 4 ml de tampão universal modificado (pH 11). Adicionou-se 1 ml de fosfato de para-nitrofenol 0,05 M (pH 11), agitou-se o frasco durante alguns segundos, tapou-se o frasco e manteve-se na incubadora durante 1 hora a 37^0 C. Após a incubação, adicionou-se ao frasco 1 ml de CaCl2 0,5 M e 4 ml de NaOH 0,5 M, agitou-se e filtrou-se com papel de filtro Whatman n.º 42. A intensidade da cor amarela desenvolvida foi medida a 420 nm em relação ao branco do reagente, utilizando um espetrofotómetro UV-vis a 420 nm (thermo specific, EUA). Foram mantidos controlos para cada amostra de solo, que foram analisados seguindo o mesmo procedimento descrito acima, exceto que a solução de fosfato de para-nitrofenol foi adicionada após a adição de CaCl2 0,5 M e NaOH 0,5 M e imediatamente antes da filtração. A atividade da fosfatase nas amostras de solo foi expressa em ug de para-nitrofenol formado por grama de solo por hora, com referência à curva padrão preparada utilizando uma concentração gradual de fosfato de p-nitrofenol.

Estimativa do carbono da biomassa microbiana

A estimativa do carbono da biomassa microbiana do solo foi efectuada segundo o método de fumigação e extração descrito por Carter (1991). Dez gramas de solo foram colocados num frasco com tampa de rosca e fumigados com clorofórmio sem etanol durante cinco dias. No quinto dia, as tampas foram retiradas e incubadas a 40^0 C durante a noite, a fim de remover os resíduos de clorofórmio. Esta amostra foi extraída com 50 ml de cloreto de potássio 2 M, colocando estes frascos num agitador durante 30 minutos. A suspensão foi filtrada com papel de filtro Whatman n.º 41. Do mesmo modo, os controlos sem adição de clorofórmio foram mantidos como amostras não fumigadas. Em seguida, colocaram-se 4 ml de filtrado num tubo de ensaio e adicionaram-se 4 ml de reagente de ninidrina recentemente preparado, que foram mantidos em banho-maria durante 20 minutos para obter uma cor púrpura e deixados arrefecer. Em seguida, adicionar 4 ml de etanol metílico (1:1 100 ml de etanol metílico: 100 ml de água destilada) e deixar arrefecer.

água). A intensidade da cor púrpura foi lida a 570 nm no espetrofotómetro UV- Vis (Tharmo scientific, EUA) e calculada utilizando a fórmula.

Biomassa C (mg/g de solo) = {(C reativo à ninidrina em solo fumigado - C reativo à ninidrina não fumigado) / Peso da amostra de solo utilizada} * 2.8

Perfil de ácidos gordos (ácido oleico e linoleico)

O perfil de ácidos gordos do óleo foi efectuado utilizando o método descrito por Vasudev et al (2008). Para a análise dos ácidos gordos no óleo, estes foram primeiro convertidos nas suas formas voláteis, os ésteres metílicos. Os ésteres metílicos de ácidos gordos (FAMEs) do óleo de amendoim foram preparados tomando 5 g de sementes secas e finamente moídas em tubos de ensaio de 50 ml completamente secos, aos quais foram adicionados 5 ml de metanol e 100 µl de H_2SO_4. Estes tubos foram então incubados num banho de água a 65°C durante uma hora. Depois de arrefecer os tubos até à temperatura ambiente, adicionaram-se 2 ml de hexano a cada tubo, agitou-se bem com a mistura de vórtex e deixou-se repousar até a camada de hexano se separar. Pipetaram-se cuidadosamente 2 ml da camada de hexano separada que continha os Fames e transferiram-se para frascos de 2 ml com tampa de rosca. Os ácidos gordos foram analisados num cromatógrafo de fase gasosa (Perkin Elmer Clarus 600) equipado com uma coluna de 30 m de comprimento e 0,53 µm de espessura, com um polímero de silicone metílico OV-101, utilizando um detetor de ionização de chama (FID). 1 µl de FAMEs preparados foi injetado num cromatógrafo de fase gasosa automatizado pré-condicionado. Os ácidos gordos foram identificados pelo tempo de retenção cromatográfica por comparação com amostras padrão de ésteres metílicos de ácidos gordos obtidos da Sigma Aldrich. Os ácidos gordos foram expressos em percentagem.

Economia

Para avaliar a eficácia e a rentabilidade dos tratamentos, foi calculada uma economia global, incluindo os custos de cultivo (despesas com sementes, adubos e encargos de mão de obra), os rendimentos brutos, os rendimentos líquidos/ha e o rácio BC.

Custo de cultivo /ha ?

O custo de cultivo foi calculado com base no preço dos factores de produção em vigor no momento da sua utilização.

Rendimentos brutos   /ha ?

Os rendimentos brutos foram calculados com base no mercado em vigor, quando o produto estava pronto para ser comercializado.

Rendimentos brutos = Valor total do produto (vagem e grão)

Rendimentos líquidos/ haT

O rendimento líquido foi calculado deduzindo o custo de cultivo do rendimento bruto.

$$\text{Rendimento líquido} = \text{Rendimento bruto} - \text{Custo de cultivo}$$

Rácio benefício-custo (rácio BC)

O rácio benefício-custo foi calculado utilizando a seguinte fórmula

$$\text{Rácio benefício-custo} = \frac{\text{Net returns } ₹ \text{ /ha}}{\text{Cost of cultivation } ₹ \text{ /ha}}$$

CAPÍTULO 4

RESULTADOS

Neste capítulo, apresentam-se os resultados da experiência de campo intitulada "produtividade, qualidade e fertilidade do solo do amendoim (Arachis hypogaea L.) com dióxido de carbono elevado", realizada durante a kharif de 2019 na quinta de investigação, Faculdade de Agricultura, R.V.S.K.V.V., Gwalior. Os dados relativos a vários critérios utilizados para a avaliação dos tratamentos foram analisados estatisticamente para testar a sua importância. A análise de variância de todos estes dados é apresentada no final, em apêndice.

Parâmetros de crescimento

População inicial e final de plantas/$6m^2$

Os dados apresentados na Tabela 4.1 revelaram que a população inicial de plantas não diferiu significativamente com os diferentes níveis de concentração de dióxido de carbono, mas as concentrações elevadas de CO_2 de 500 ppm e 450 ppm influenciaram significativamente a população final de plantas, onde as populações máximas de plantas foram obtidas com 500 ppm de CO_2. Da mesma forma, entre os diferentes genótipos de amendoim, o stand inicial e final das plantas não foi afetado. No entanto, o estande final de plantas na colheita foi reduzido em comparação com a população inicial de plantas registada aos 20 DAS.

Tabela 4.1 Efeito de níveis elevados de CO_2 na população inicial e final de plantas/$6m^2$ de genótipos de amendoim

	População de plantas/6 m²	
	Inicial	Final
Fator A (níveis de CO_2)		
Ambiente aberto	40.0	37.0
CO_2 ambiente	39.8	38.2
Concentração de CO_2 450 ppm	39.8	38.2
Concentração de CO_2 500 ppm	40.0	38.6
SEm ±	**0.12**	**0.34**
CD(0,05)	**0.36**	**1.04**
Fator B (Genótipos)		
TG 86	39.5	38.3
TG 84	40.0	38.3
TG 82	40.0	37.8
Mallika	40.0	38.5
Gangapuri	40.0	37.3
SEm ±	**0.13**	**0.38**
CD(0,05)	**0.40**	**1.16**

Altura da planta (cm) aos 30, 60 e 90 DAS

Os dados (Quadro 4.2) relativos ao efeito de diferentes níveis de CO_2 na altura das plantas revelaram que diferentes níveis de concentração de CO_2 tiveram uma influência significativa na altura das plantas de amendoim aos 30, 60 e 90 DAS. As concentrações elevadas de CO_2 até 500 ppm e 450 ppm resultaram em plantas significativamente mais altas.

As plantas mais altas foram registadas com concentrações elevadas de CO_2 até 500 ppm (17,3, 41,7 51,5 cm respetivamente) seguidas de concentrações de CO_2 de 450 ppm (16,5, 40,2, 50,1 cm). No entanto, a altura mais baixa das plantas foi registada em condições de atmosfera aberta (15,6, 37,7, 47,7 cm) em todas as fases de crescimento.

Os diferentes genótipos de amendoim apresentaram diferenças significativas no que respeita à altura das plantas em todas as fases de crescimento. Foi registada uma altura de planta significativamente maior com Mallika (41,5 e 51,5 cm, respetivamente) aos 60 e 90 DAS. Os tratamentos TG 84 (17,5, 39,8, 49,6 cm, respetivamente) e TG 86 (17,3, 39,3, 49,3 cm) foram considerados estatisticamente iguais entre si. A altura mais baixa das plantas foi registada com gangapuri (14,9 cm) aos 30 DAS, enquanto TG 82 (38 e 47,7 cm, respetivamente) registou plantas mais curtas aos 60 e 90 DAS.

Tabela 4.2 Efeito dos níveis elevados de CO_2 na altura das plantas (cm) dos genótipos de amendoim aos 30, 60 e 90 DAS

	Altura da planta (cm)		
Fator A (níveis de CO2)	**30 DAS**	**60 DAS**	**90 DAS**
Ambiente aberto	15.6	37.7	47.7
co2 ambiente	15.9	38.0	48.0
Concentração de CO2 450 ppm	16.5	40.2	50.1
Concentração de CO2 500 ppm	17.3	41.7	51.5
SEm±	**0.11**	**0.45**	**0.48**
CD(0,05)	**0.35**	**1.38**	**1.48**
Fator B (genótipos)			
TG 86	17.3	39.3	49.3
TG 84	17.5	39.8	49.6
TG 82	16.1	38.0	47.7
Mallika	15.9	41.5	51.5
Gangapuri	14.9	38.4	48.7
SEm±	**0.13**	**0.50**	**0.54**
CD(0,05)	**0.40**	**1.55**	**1.66**

Número de ramos/planta aos 30, 60 e 90 DAS

Uma avaliação dos dados (Tabela 4.3) revelou que os diferentes níveis de concentração de CO_2 tiveram um efeito significativo no número de ramos/planta do amendoim em todas as fases de crescimento. As concentrações elevadas de CO_2 até 500 ppm e 450 ppm influenciaram significativamente o número de ramos/planta da cultura do amendoim, tendo sido registado um número máximo de ramos/planta com concentrações elevadas de CO_2 até 500 ppm (4,4, 6,3 e 7,2), seguido da concentração de CO_2 450 ppm (4,2, 5,8 e 6,6) aos 30, 60 e 90 DAS, respetivamente. No entanto, o número mínimo de ramos/planta de amendoim foi registado na condição de atmosfera aberta (3,6, 5,2, e 5,8) aos 30, 60 e 90 DAS.

Entre os diferentes genótipos de amendoim, foi registado um número significativamente máximo de ramos/planta de amendoim no TG 84 (4,4 e 6,3, respetivamente) aos 30 e 60 DAS. Mas aos 90 DAS, foi registado um número significativamente ma x_{54} ximo de ramos/planta

No entanto, o número mínimo de ramos/planta foi registado em gangapuri (3.7, 5.6, e 5.7) aos 30, 60 e 90 DAS.

Tabela.4.3 Efeito de níveis elevados de CO_2 no número de ramos/planta de genótipos de amendoim aos 30, 60 e 90 DAS

	N.º de ramos/planta		
Fator A (níveis de CO2)	**30 DAS**	**60 DAS**	**90 DAS**
Ambiente aberto	3.6	5.2	5.8
co2 ambiente	4.1	5.5	6.2
Concentração de CO2 450 ppm	4.2	5.8	6.6
Concentração de CO2 500 ppm	4.4	6.3	7.2
SEm±	**0.11**	**0.13**	**0.16**
CD(0,05)	**0.33**	**0.42**	**0.50**
Fator B (genótipos)			

	4.4	5.3	6.9
TG 86	4.4	5.3	6.9
TG 84	4.4	6.3	6.8
TG 82	3.8	5.7	6.5
Mallika	4.0	5.7	6.4
Gangapuri	3.7	5.6	5.7
SEm±	**0.12**	**0.15**	**0.18**
CD(0,05)	**0.37**	**0.46**	**0.56**

Número de nódulos/planta aos 45, 60 e 90 DAS

Uma referência adicional aos dados na Tabela (4.4) mostrou que o número de nódulos/planta de amendoim não diferiu significativamente com diferentes genótipos de amendoim, mas diferentes níveis de concentração de CO_2 tiveram um efeito significativo no número de nódulos/planta de amendoim aos 30, 60 e 90 DAS. Entre os diferentes níveis de concentração de CO_2, foram registados números significativamente máximos de nódulos/planta com concentrações elevadas de CO_2 até 500 ppm (54,2, 84,2 e 79,4) seguido pela concentração de CO_2 450 ppm (51.6, 81.6, e 77.2) aos 30, 60 e 90 DAS, respetivamente. O número mínimo de nódulos/planta de amendoim foi observado na condição de atmosfera aberta (48.6, 78.6, e 75.0) em todos os estágios de crescimento.

Do mesmo modo, os diferentes genótipos de amendoim apresentaram um efeito significativo no que respeita ao número de nódulos/planta. Os genótipos TG 86 (51,5) registaram significativamente o número máximo de nódulos/planta tanto aos 30 como aos 60 DAS. No entanto, este manteve-se estatisticamente a par com TG 84 (51,3), Mallika (51,3) e gangapuri (51,0). Aos 90 DAS, um número significativamente máximo de nódulos/planta foi registado com Mallika (77.8) e ambos TG 86 e TG 84 permaneceram a par um do outro. O número mínimo de nódulos foi registado em gangapuri (75,0) aos 90 DAS.

Tabela 4.4 Efeito de níveis elevados de CO_2 no número de nódulos/planta de genótipos de amendoim aos 45, 60 e 90 DAS

	N.º de nódulos/planta		
Fator A (níveis de CO_2)	**45 DAS**	**60 DAS**	**90 DAS**
Ambiente aberto	48.6	78.6	75.0
CO_2 ambiente	50.2	80.6	76.2
Concentração de CO_2 450 ppm	51.6	81.6	77.2
Concentração de CO_2 500 ppm	54.2	84.2	79.4
SEm±	**0.28**	**0.37**	**0.59**
CD(0,05)	**0.86**	**1.15**	**1.81**
Fator B (genótipos)			
TG 86	51.5	81.8	77.5
TG 84	51.3	81.3	77.5
TG 82	50.8	81.3	77.0
Mallika	51.3	80.8	77.8
Gangapuri	51.0	81.3	75.0
SEm±	**0.31**	**0.42**	**0.66**
CD(0,05)	**0.96**	**1.29**	**2.02**

Dia até 50 % de floração e 50 % de maturação

Os dados apresentados no Quadro 4.5 mostram claramente que os dias para 50% de floração e 50% de maturação do amendoim não diferiram significativamente entre os diferentes genótipos de amendoim, mas os diferentes níveis de concentração de CO_2 mostraram um efeito significativo. A concentração elevada até 500 ppm resultou num número significativamente menor de dias (24,3 DAS e 105 DAS) necessários para 50% de floração e 50% de maturação da cultura do amendoim, respetivamente. No entanto, o tratamento foi estatisticamente igual às concentrações de CO_2 de 450 ppm.

Quadro 4.5 Efeito dos níveis elevados de CO_2 nos dias até 50 % de floração e 50 % de maturação dos genótipos de amendoim

	50 % de floração	50 % de maturidade
Fator A (níveis de CO_2)		
Ambiente aberto	25.8	108
CO_2 ambiente	25.3	108
Concentração de CO_2 450 ppm	24.4	106
Concentração de CO_2 500 ppm	24.3	105
SEm±	**0.17**	**0.46**
CD(0,05)	**0.53**	**1.41**
Fator B (Genótipos)		
TG 86	25.0	107
TG 84	24.8	106
TG 82	24.7	106
Mallika	25.0	107
Gangapuri	25.4	108
SEm±	**0.19**	**0.51**
CD(0,05)	**0.59**	**1.58**

No entanto, o número máximo de dias necessários para 50% de floração e 50% de maturação do amendoim foi observado em condições de atmosfera aberta (25,3 DAS e 108 DAS).

Da mesma forma, entre os diferentes genótipos de amendoim, registou-se um número significativamente mínimo de dias para 50% de floração e 50% de maturação no TG 82 (24,7 DAS e 106 DAS, respetivamente), o que foi encontrado a par do TG 84 (24,8 e 106 DAS, respetivamente). Além disso, os tratamentos com os genótipos TG 86 e Mallika foram estatisticamente iguais entre si. O genótipo gangapuri registou o número máximo de dias para 50% de floração (25,4 DAS) e 50% de maturação (108 DAS) do amendoim.

Teor de clorofila a, b e clorofila total (mg/gm) aos 45, 60 e 90 DAS

Uma avaliação dos dados apresentados na (Tabela 4.6 e (fig.4) revelou que o conteúdo significativamente mais elevado de clorofila a, b e clorofila total da folha de amendoim foi registado no tratamento em que a concentração de CO_2 foi aumentada até 500 ppm (2,10, 0,80, 2,90 mg/gm de peso fresco da folha) seguido de concentração elevada de CO_2 450 ppm (1,92, 0,64, 2,56 mg/g de peso fresco da folha). O conteúdo mais baixo de clorofila a, b, e clorofila total da folha de amendoim foi registado na condição de atmosfera aberta (1,48, 0,47, e 1,96 mg/gm de peso fresco da folha) aos 45 DAS.

Quadro 4.6 Efeito dos níveis elevados de CO_2 no teor de clorofila (mg/gm) dos genótipos de amendoim aos 45 DAS

Teor de clorofila aos 45 DAS

Fator A (níveis de CO_2)	Clorofila a	Clorofila b	Clorofila total
Ambiente aberto	1.48	0.47	1.96
CO_2 ambiente	1.77	0.59	2.37
Concentração de CO_2 450 ppm	1.92	0.64	2.56
Concentração de CO_2 500 ppm	2.10	0.80	2.90
SEm±	**0.034**	**0.045**	**0.071**
CD(0,05)	**0.106**	**0.138**	**0.219**
Fator B (genótipos)			
TG 86	1.99	0.77	4.80
TG 84	1.90	0.68	4.51

TG 82	1.85	0.58	4.22
Mallika	1.76	0.59	4.08
Gangapuri	1.60	0.53	3.66
SEm±	**0.039**	**0.050**	**0.079**
CD(0,05)	**0.119**	**0.154**	**0.245**

Da mesma forma, diferentes genótipos de amendoim mostraram um efeito significativo no que diz respeito ao teor de clorofila a, b e clorofila total da folha de amendoim. O teor mais elevado foi registado no genótipo TG 86 (1,99, 0,77, 4,80 mg/gm de peso fresco da folha), a par do TG 84 (1,90, 0,68, 4,51 mg/gm de peso fresco

da folha) No entanto, o conteúdo mais baixo de clorofila a, b e clorofila total da folha de amendoim foi registado no genótipo gangapuri (1,60, 0,53, 3,66 mg/gm de peso fresco da folha) aos 45 DAS.

Uma referência adicional aos dados no (Quadro 4.7 e fig.4) mostrou que o conteúdo significativamente mais elevado de clorofila a, b, e clorofila total da folha de amendoim foi registado ao elevar a concentração de CO_2 até 500 ppm (4,18, 2,42, 6,60 mg/gm de peso fresco da folha), que foi igual à concentração de CO_2 450 ppm (3,80, 1,61, 5,41 mg/gm de peso fresco da folha) aos 60 DAS. No entanto, o conteúdo mais baixo de clorofila a, b e clorofila total da folha de amendoim foi registado na condição de atmosfera aberta (3,12, 1,05 e 4,17 mg/gm de peso fresco da folha) aos 60 DAS.

Da mesma forma, entre os diferentes genótipos de amendoim, o teor significativamente mais elevado de clorofila a, b e clorofila total da folha de amendoim foi registado no genótipo TG 86 (4,25, 1,94, 10,70 mg/gm de peso fresco da folha), que estava a par do TG 84 (4,00, 1,74, 9,93 mg/gm de peso fresco da folha) aos 60 DAS. No entanto, o teor mais baixo de clorofila a, b e clorofila total da folha de amendoim foi registado no gangapuri (2,69, 1,11, 6,56 mg/gm de peso fresco da folha) aos 60 DAS.

Tabela 4.7 Efeito dos níveis elevados de CO_2 no teor de clorofila (mg/gm) dos genótipos de amendoim aos 60 DAS

Teor de clorofila aos 60 DAS

Fator A (níveis de CO_2)	Clorofila a	Clorofila b	Clorofila total
Ambiente aberto	3.12	1.05	4.17
CO_2 ambiente	3.33	1.20	4.53
Concentração de CO_2 450 ppm	3.80	1.61	5.41
Concentração de CO_2 500 ppm	4.18	2.42	6.60
SEm±	**0.133**	**0.120**	**0.191**
CD(0,05)	**0.408**	**0.371**	**0.587**
Fator B (genótipos)			
TG 86	4.25	1.94	10.70
TG 84	4.00	1.74	9.93
TG 82	3.60	1.69	9.31
Mallika	3.50	1.38	8.53
Gangapuri	2.69	1.11	6.56
SEm±	**0.148**	**0.135**	**0.213**
CD(0,05)	**0.457**	**0.415**	**0.657**

Também foi revelado a partir dos dados (Tabela 4.8 e fig.4) que o conteúdo significativamente mais alto de clorofila a, b e clorofila total da folha de amendoim foi registado no tratamento com concentração elevada de CO_2 500 ppm (1,92, 0,63, 2,54 mg/gm de peso fresco da folha) seguido pela concentração de CO_2 450 ppm (1,78, 0,60, 2,38 mg/gm de peso fresco da folha) aos 90 DAS. No entanto, o conteúdo mais baixo de clorofila a, b e clorofila total da folha de amendoim foi registado na condição de atmosfera aberta (1,44, 0,47 e 1,92 mg/gm de peso fresco da folha) aos 90 DAS.

Da mesma forma, entre os diferentes genótipos de amendoim, o teor significativamente mais elevado de clorofila a, b e clorofila total da folha de amendoim foi registado no genótipo TG 86 (1,83, 0,63, 2,46 mg/gm de peso fresco da folha), que estava a par do TG 84 (1,79, 0,61, 2,40 mg/gm de peso fresco da folha) aos 90 DAS. No entanto, o teor mais baixo de clorofila a, b e clorofila total da folha de amendoim foi registado no gangapuri (1,51, 0,48, 1,99 mg/gm de peso fresco da folha) aos 90 DAS.

Quadro 4.8 Efeito dos níveis elevados de CO_2 no teor de clorofila (mg/gm) dos genótipos de amendoim aos 90 DAS

Teor de clorofila aos 90 DAS

Fator A (níveis de CO_2)	Clorofila a	Clorofila b	Clorofila total
Ambiente aberto	1.44	0.47	1.92
CO_2 ambiente	1.71	0.55	2.27
Concentração de CO_2 450 ppm	1.78	0.60	2.38
Concentração de CO_2 500 ppm	1.92	0.63	2.54
SEm±	**0.031**	**0.013**	**0.041**
CD(0,05)	**0.095**	**0.040**	**0.126**
Fator B (genótipos)			
TG 86	1.83	0.63	2.46
TG 84	1.79	0.61	2.40
TG 82	1.75	0.57	2.32
Mallika	1.69	0.54	2.22
Gangapuri	1.51	0.48	1.99
SEm±	**0.034**	**0.014**	**0.046**
CD(0,05)	**0.106**	**0.045**	**0.141**

Rendimento e atributos do rendimento

Número de vagens/planta

É evidente a partir dos dados (Tabela 4.9 e fig.5) que o número de vagens/planta de amendoim diferiu significativamente com diferentes genótipos de amendoim, bem como com diferentes níveis de concentração de CO_2. As concentrações elevadas de CO_2 de 500 ppm e 450 ppm influenciaram significativamente o número de vagens/planta da cultura do amendoim. O número máximo de vagens/planta foi observado com o aumento da concentração de CO_2 até 500 ppm (34,8) em comparação com a condição de atmosfera aberta (30,0) e CO_2 ambiente (31,6). No entanto, os tratamentos de 500 ppm e 450 ppm de concentração de CO_2 foram estatisticamente semelhantes.

Da mesma forma, entre os diferentes genótipos de amendoim, o número máximo de vagens/planta de amendoim foi observado no TG 86 (35,0), que estava a par do TG 84 (34.0). No entanto, o número mínimo de vagens/planta de amendoim foi observado em gangapuri (29,5).

Peso da vagem/planta (gm)

Uma referência aos dados (Tabela 4.9 e fig.5) mostrou que diferentes níveis de concentração de CO2 e diferentes genótipos de amendoim mostraram diferenças significativas em relação ao peso da vagem/planta (gm) do amendoim. As concentrações elevadas de CO_2 até 500 ppm registaram o peso máximo de vagens/planta (gm) de amendoim (19,7 gm) seguido da concentração de CO_2 450 ppm (17,6 gm). No entanto, o peso mínimo de vagem/planta (g) de amendoim foi observado na condição de atmosfera aberta (16,3 g).

Da mesma forma, entre os diferentes genótipos de amendoim, o peso máximo de vagem/planta (gm) de amendoim foi observado em TG 86 (18,8 gm, respetivamente), que estava a par com Mallika (17,9 gm) e TG 84 (17,8 gm). No entanto, o peso mínimo de vagem/planta (gm) de amendoim foi observado em gangapuri (16,2 gm).

100- peso do grão (gm)

Os dados apresentados (Tabela 4.9 e fig.5) mostram claramente que diferentes níveis de concentração de CO_2 e diferentes genótipos de amendoim diferiram significativamente no que respeita ao peso de 100 grãos (g) de amendoim. O peso máximo de 100 grãos (gm) de amendoim foi observado ao elevar a concentração de CO_2 até 500 ppm (26,0 gm) seguido pela concentração de CO_2 de 450 ppm (24,6 gm). No entanto, o peso mínimo de 100 grãos (gm) de amendoim foi observado na condição de atmosfera aberta (22,4 gm). Da mesma forma, entre os diferentes genótipos de amendoim, o peso máximo de 100 grãos (gm) de amendoim foi registado com TG 86 (27,3 gm) seguido de TG 84 (25,5 gm). No entanto, o peso mínimo de 100 grãos (gm) de amendoim foi observado em gangapuri (20,5 gm).

Descasque (%)

Uma análise dos dados (Tabela 4.9 e fig.5) mostrou que o descasque (%) do amendoim diferiu significativamente com diferentes genótipos de amendoim, bem como com diferentes níveis de concentração de CO_2. As concentrações elevadas de CO_2 de 500 ppm e 450 ppm influenciaram significativamente o descasque (%) do amendoim. Entre os diferentes níveis de concentração de CO_2, a maior percentagem de amendoim descascado foi observada com uma concentração elevada de CO_2 de 500 ppm (66,4%), a par da concentração de CO_2 de 450 ppm (65,2%) e da concentração de CO_2 ambiente (64,6%).

Da mesma forma, entre os diferentes genótipos de amendoim, o maior descascamento (%) de amendoim foi observado no TG 86 (68,2%), que foi estatisticamente semelhante ao TG 84 (66,5%). No entanto, o menor descasque (%) de amendoim foi observado em gangapuri (60,9%).

Grão maduro sadio (%)

Também foi revelado a partir dos dados (Tabela 4.9 e fig.5) que o grão maduro sadio (%) de amendoim diferiu significativamente com diferentes genótipos de amendoim e diferentes níveis de concentração de CO_2. As concentrações elevadas de CO_2 até 500 ppm influenciaram significativamente o amêndoa sã e madura (%) do amendoim (86,2%), seguida da concentração de CO_2 de 450 ppm (84,0%). No entanto, a percentagem mínima de amêndoa madura e sã (%) de amendoim foi observada em condições de atmosfera aberta (80,5%).

Da mesma forma, entre os diferentes genótipos de amendoim, o máximo de amêndoas maduras sãs (%) de amendoim foi observado em TG 86 (87,8%) seguido de TG 84 (86,1%). A percentagem mínima de amêndoa madura e sã (%) de amendoim foi observada em gangapuri (74,5 %).

Índice de colheita

Um exame atento dos dados (Quadro 4.10) mostrou que não houve variação significativa no Índice de Colheita devido aos diferentes genótipos de amendoim. Mas o efeito de diferentes níveis de concentrações de CO_2 foi considerado significativo. No entanto, os tratamentos registaram valores estatisticamente semelhantes de índice de colheita.

Tabela 4.9 Efeito dos níveis elevados de CO_2 nos atributos de rendimento dos genótipos de amendoim

	N.º de	Peso da vagem /	Peso de 100	Descasque	Som

	vagens / planta	planta (gm)	grãos (gm)	(%)	Miolo maduro(%)
Fator (níveis de CO2)					
Ambiente aberto	30.0	16.3	22.4	62.2	80.5
CO2 ambiente	31.6	16.9	23.4	64.6	82.8
Concentração de CO2 450 ppm	34.4	17.6	24.6	65.2	84.0
Concentração de CO2 500 ppm	34.8	19.7	26.0	66.4	86.2
SEm±	**0.48**	**0.35**	**0.27**	**0.88**	**0.45**
CD(0,05)	**1.49**	**1.08**	**0.82**	**2.72**	**1.38**
Fator B (Genótipos)					
TG 86	35.0	18.8	27.3	68.2	87.8
TG 84	34.0	17.8	25.5	66.5	86.1
TG 82	32.5	17.4	24.5	63.8	84.1
Mallika	32.5	17.9	22.8	63.8	84.4
Gangapuri	29.5	16.2	20.5	60.9	74.5
SEm±	**0.54**	**0.39**	**0.30**	**0.99**	**0.50**
CD(0,05)	**1.66**	**1.21**	**0.92**	**3.04**	**1.54**

Rendimento de grãos/planta (gm)

Uma referência adicional aos dados (Quadro 4.10 e fig.6) revelou que diferentes níveis de concentração de CO2 e diferentes genótipos de amendoim tiveram um efeito significativo no rendimento de grãos/planta (gm) de amendoim. As concentrações elevadas de CO2 até 500 ppm e 450 ppm aumentaram significativamente a produção de grãos/planta (gm) de amendoim (13,41 gm e 10,30 gm, respetivamente). No entanto, o rendimento mínimo de grãos/planta (gm) de amendoim foi observado na condição de atmosfera aberta (6,76 gm).

Entre os diferentes genótipos de amendoim, o rendimento máximo de grãos/planta (gm) de amendoim foi obtido com o TG 86 (11,46 gm), que foi igual ao TG 84 (10,05 gm). No entanto, o rendimento mínimo de grãos/planta (gm) de amendoim foi obtido com gangapuri (6,19 gm).

8 Rendimento de grão / planta (gm)

Os dados apresentados (Tabela 4.10 e fig.6) mostram claramente que o rendimento de haulm / planta de amendoim diferiu significativamente com diferentes genótipos de amendoim e também com diferentes níveis de concentração de CO2. Significativamente, o rendimento máximo de haulm do amendoim foi registado com o aumento da concentração de CO2 até 500 ppm (54,3 gm). No entanto, este rendimento manteve-se estatisticamente semelhante ao valor registado com concentrações elevadas de CO2 de 450 ppm (42,5 gm). O rendimento mínimo de haulm/planta de amendoim foi observado na condição de atmosfera aberta (34,6 gm).

Entre os diferentes genótipos de amendoim, foi obtido um rendimento máximo significativo de amendoim por planta (gm) no TG 86 (50,8 gm), seguido do TG 84 (46,7 gm). No entanto, o rendimento mínimo de amendoim por planta foi registado no gangapuri (30,2 gm).

Produção de vagens/planta (gm)

Outros dados (Quadro 4.10 e fig.6) mostraram que diferentes genótipos de amendoim e diferentes níveis de concentração de CO2 tiveram um efeito significativo no rendimento de vagens/planta do amendoim. As concentrações elevadas de CO2 de 500 ppm e 450 ppm influenciaram significativamente o rendimento de vagens/planta (gm) do amendoim. Significativamente, a produção máxima de vagens/planta de amendoim foi obtida com concentração elevada de CO2 até 500 ppm (18,1 gm) seguida pela concentração de CO2 450 ppm (14,5 gm). No entanto, o rendimento mínimo de vagens/planta de amendoim foi observado em condições de atmosfera aberta (10,3 gm).

Entre os diferentes genótipos de amendoim, o rendimento máximo de vagens/planta de amendoim foi observado no TG 86 (16,7 gm), que estava a par do TG 84 (15,1 gm). No entanto, o rendimento mínimo de vagens/planta de amendoim foi observado no gangapuri (10,2 gm).

Rendimento biológico / planta (gm)

Uma avaliação dos dados (Tabela 4.10 e fig.6) revelou que o rendimento biológico/planta de amendoim diferiu significativamente com diferentes genótipos de amendoim e diferentes níveis de concentração de CO_2. Entre os diferentes níveis de concentração de CO_2, o máximo rendimento biológico / planta de amendoim foi observado com concentração elevada de CO_2 500 ppm (72,4 gm respetivamente) seguido de concentração elevada de CO_2 450 ppm (57,0 gm). No entanto, o rendimento biológico mínimo / planta de amendoim foi observado na condição de atmosfera aberta (44,9 gm).

Da mesma forma, entre os diferentes genótipos de amendoim, o TG 86 (67,5 gm), a par do TG 84 (61,8 gm), registou o máximo rendimento biológico / planta de amendoim. No entanto, o rendimento biológico mínimo / planta de amendoim foi observado em gangapuri (40,3 gm).

Tabela 4.10 Efeito dos níveis elevados de CO_2 no rendimento dos genótipos de amendoim

Colheita índice	rendimento de grãos / planta (gm)	Rendimento a granel / planta (gm)	Produção de vagens/planta (gm)	Rendimento biológico / planta (gm)
Fator A (níveis de CO_2)				
Ambiente aberto	0.23	6.8	34.6	10.3	44.9
CO_2 ambiente	0.25	8.3	37.0	12.1	49.2
CO_2 Concentração 450 ppm	0.25	10.3	42.5	14.5	57.0
Concentração de CO_2 500 ppm	0.25	13.4	54.3	18.1	72.4
SEm±	**0.005**	**0.45**	**1.71**	**0.58**	**2.19**
CD(0,05)	**0.010**	**1.39**	**5.27**	**1.80**	**6.76**
Fator B (Genótipos)				
TG 86	0.25	11.5	50.8	16.7	67.5
TG 84	0.24	10.1	46.7	15.1	61.8
TG 82	0.24	8.7	42.5	13.6	56.0
Mallika	0.25	8.6	40.4	13.3	53.7
Gangapuri	0.25	6.2	30.2	10.2	40.3
SEm±	**0.005**	**0.50**	**1.91**	**0.65**	**2.45**
CD(0,05)	**0.020**	**1.55**	**5.89**	**2.01**	**7.55**

Parâmetros de qualidade

Teor proteico (%) e rendimento proteico/planta (gm)

É evidente a partir dos dados (Tabela 4.11 e fig. 7) que o teor de proteína significativamente mais elevado (%) do amendoim foi registado no tratamento em que a concentração de CO_2 foi elevada até 450 ppm (25,24%) e isto foi estatisticamente semelhante à concentração de CO_2 ambiente (25,21%). No entanto, o menor teor de proteínas (%) do amendoim foi registado com uma concentração elevada de CO_2 de 500 ppm (22,5%). Além disso, o rendimento proteico/planta significativamente mais elevado do amendoim foi registado com concentração elevada de CO_2 500 ppm (3,00 gm), seguido de CO_2

concentração de 450 ppm (2,53 gm). No entanto, o menor rendimento proteico/planta de amendoim foi registado em condições de atmosfera aberta (1,75 gm).

44

Entre os diferentes genótipos de amendoim, o teor de proteínas (%) mais elevado foi registado no TG 86 (25,4%). Os genótipos gangapuri (24,5 %), mallika (23,3 %), TG 82 (23,3%) e TG 84 (23,2 %) mantiveram-se ao mesmo nível. O maior rendimento proteico/planta (gm) de amendoim foi registado no genótipo TG 86 (3,46 gm) seguido do TG 84 (2,56 gm). No entanto, o menor rendimento proteico/planta de amendoim foi registado no gangapuri (1,50 gm).

Quadro 4.11 Efeito dos níveis elevados de CO_2 no teor de proteínas e no rendimento proteico/planta dos genótipos de amendoim

	Teor de proteínas (%)	Rendimento proteico/planta (gm)
Fator A (níveis de CO_2)		
Ambiente aberto	23.4	1.75
CO_2 ambiente	25.2	2.14
Concentração de CO_2 450 ppm	25.2	2.53
Concentração de CO_2 500 ppm	22.5	3.00
SEm±	**0.67**	**0.131**
CD(0,05)	**2.05**	**0.405**
Fator B (genótipos)		
TG 86	25.4	3.46
TG 84	23.2	2.56
TG 82	23.3	2.17
Mallika	23.3	2.08
Gangapuri	25.4	1.50
SEm±	**0.74**	**0.147**
CD(0,05)	**2.29**	**0.452**

Teor de óleo (%) e rendimento de óleo/planta (gm)

Uma referência adicional aos dados (Quadro 4.12 e fig. 8) mostrou que o teor máximo de óleo (%) do amendoim foi registado no tratamento que recebeu uma concentração elevada de CO_2 de 500 ppm (47,9%), seguido da concentração de CO_2 de 450 ppm (46,6%) e da concentração de CO_2 ambiente (46,4%). No entanto, o teor mínimo de óleo (%) do amendoim foi registado na condição de atmosfera aberta (45,5 %).

Entre os diferentes genótipos de amendoim, o teor máximo de óleo (%) de amendoim foi registado no genótipo mallika (48,4 %), que foi estatisticamente semelhante ao TG 82 (47,5%), TG 84 (47,3%) e TG 86 (47,2%). No entanto, o teor mínimo de óleo (%) do amendoim foi registado no gangapuri (42,8 %).

Uma análise dos dados (Tabela 4.12 e fig.8) mostrou que, entre os diferentes níveis de CO_2, o rendimento máximo de óleo / planta de amendoim foi registado com o tratamento que recebeu concentração elevada de CO_2 500 ppm (6,35 gm) seguido pela concentração de CO_2 450 ppm (4,69 gm). No entanto, o rendimento mínimo de óleo / planta de amendoim foi registado em condições de atmosfera aberta (3,41 gm).

Da mesma forma, entre os diferentes genótipos de amendoim, o rendimento máximo de óleo / planta de amendoim foi registado no genótipo TG 86 (6,47 gm), seguido do TG 84 (5,23 gm). No entanto, o rendimento mínimo de óleo / planta de amendoim foi registado no gangapuri (2,55 gm).

Tabela 4.12 Efeito de níveis elevados de CO_2 no teor de óleo e rendimento de óleo / planta (gm) de genótipos de amendoim

	Teor de óleo (%)	Rendimento de óleo/planta
Fator A (níveis de CO_2)		

Ambiente aberto	45.5	3.41
CO2 ambiente	46.4	4.00
Concentração de CO2 450 ppm	46.6	4.69
Concentração de CO2 500 ppm	47.9	6.35
SEm±	**0.51**	**0.216**
CD(0,05)	**1.57**	**0.666**
Fator B (genótipos)		
TG 86	47.2	6.47
TG 84	47.3	5.23
TG 82	47.5	4.44
Mallika	48.4	4.36
Gangapuri	42.8	2.55
SEm±	**0.57**	**0.242**
CD(0,05)	**1.75**	**0.745**

Composição em ácidos gordos (% de ácido oleico e linoleico)

Uma avaliação dos dados (Quadro 4.13 e fig. 9) revelou que o teor máximo de ácido oleico dos genótipos de amendoim foi registado com uma concentração elevada de CO2 até 450 ppm (36,9 %), seguido da concentração de CO2 ambiente (33,2 %). No entanto, o teor mínimo de ácido oleico dos genótipos de amendoim foi registado em condições de atmosfera aberta (30,9 %).

Entre os diferentes genótipos, o teor máximo de ácido oleico do amendoim foi registado no TG 82 (36,7%), a par do TG 84 (34,8%), TG 86 (34,5%) e Mallika (34,5%). No entanto, o teor mínimo de ácido oleico do amendoim foi registado em gangapuri (27,0 %).

Uma referência adicional aos dados do quadro 4.13 e da figura 9 mostra que o teor máximo de ácido linoleico do amendoim foi registado em condições de atmosfera aberta (42,3 %), seguido da concentração de CO2 500 ppm (40,4 %). O teor mínimo de ácido linoleico dos genótipos de amendoim foi registado com uma concentração de CO2 de 450 ppm (38,3 %)

Da mesma forma, foi registado um máximo significativo de ácido linoleico (%) no amendoim do genótipo TG 82 (41,6 %) seguido do TG 84 (40,6 %). No entanto, os genótipos Malika (40,4 %) e TG 86 (39,7 %) permaneceram estatisticamente semelhantes entre si. O mínimo de ácido linoleico (%) do amendoim foi registado no gangapuri (38,3 %).

Quadro 4.13 Efeito de níveis elevados de CO2 na composição de ácidos gordos (% de ácido oleico e linoleico) de genótipos de amendoim

	Composição em ácidos gordos (%)	
	Ácido oleico	Ácido linoleico
Fator A (níveis de CO2)		
Ambiente aberto	30.9	42.3
CO2 ambiente	33.2	39.4
CO2 Concentração 450 ppm	36.9	38.3
Concentração de CO2 500 ppm	33.0	40.4
SEm±	**1.00**	**0.80**
CD(0,05)	**3.08**	**2.46**
Fator B (genótipos)		
TG 86	34.5	39.7
TG 84	34.8	40.6
TG 82	36.7	41.6
Mallika	34.5	40.4
Gangapuri	27.0	38.3
SEm±	**1.12**	**0.89**
CD(0,05)	**3.45**	**2.75**

Atividade enzimática do solo

Atividade da desidrogenase (TPF/hr/gm solo)

Em geral, verificou-se que o solo exposto às condições ambientais era mais influenciado no que diz respeito à atividade da desidrogenase em comparação com as condições ambientais e a atmosfera aberta (Quadro 4.14 e figura 10). A atividade de desidrogenase significativamente mais elevada foi registada no tratamento que recebeu uma concentração elevada de CO_2 até 450 ppm (3,28 TPF/hr/gm de solo), que foi estatisticamente semelhante à concentração elevada de CO_2 de 500 ppm (3,14 TPF/hr/gm de solo) isoladamente aos 30 DAS. A atividade de desidrogenase mais baixa foi observada na condição de atmosfera aberta (2,72 TPF/hr/gm de solo), tendência semelhante foi registada aos 60 DAS.

Entre os diferentes genótipos de amendoim, a atividade de desidrogenase significativamente mais elevada foi registada em gangapuri (3,12 TPF/hr/gm de solo), seguida de TG 86 (2,95 TPF/hr/gm de solo), Mallika (2,94 TPF/hr/gm de solo), TG 84 (2,94 TPF/hr/gm de solo) e TG 82 (2,92 TPF/hr/gm de solo), aos 30 DAS. Tendência semelhante foi registada aos 60 DAS.

Atividade da urease (μg/hr/gm de solo)

A influência do CO_2 elevado na atividade da urease na amostra de solo da rizosfera foi analisada e o resultado (Tabela 4.14 e fig.10) revelou que a atividade de urease significativamente mais alta foi registrada no tratamento que recebeu concentração elevada de CO_2 500 ppm (0,17 μg/hr/gm solo) seguido pela concentração de CO_2 450 ppm (0,15 μg/hr/gm solo) No entanto, a menor atividade de urease foi observada na condição de atmosfera aberta (0,12 μg/hr/gm solo) aos 30 DAS. Mas aos 60 DAS, a maior atividade de urease foi registrada no tratamento que recebeu concentração elevada de CO_2 500 ppm (0,35 μg/hr/gm solo), que foi igual à concentração de CO_2 450 ppm (0,34 μg/hr/gm solo) e a menor atividade de urease (0,26 μg /hr /gm solo) foi observada na condição de atmosfera aberta.

Da mesma forma, a maior atividade de urease foi observada no genótipo TG 86 (0,16 μg/hr/gm solo), (0,34 μg/hr/gm solo) seguido do TG 84 (0,15 μg/hr/gm solo), (0,33 μg/hr/gm solo). No entanto, a menor atividade da urease no solo foi observada no gangapuri (0,13 μg/hr/gm solo) aos 30 DAS, enquanto aos 60 DAS os genótipos TG 82, Mallika e gangapuri permaneceram estatisticamente semelhantes em relação à atividade da urease (0,31 μg/hr/gm solo).

Quadro 4.14 Efeito de níveis elevados de CO_2 nas actividades das enzimas desidrogenase e urease do solo rizosférico do amendoim

	Atividade da desidrogenase (TPF/hr/gm solo)		Atividade da urease (μg/hr/gm solo)	
Fator A (níveis de CO_2)	30 DAS	60 DAS	30 DAS	60 DAS
Ambiente aberto	2.72	9.1	0.12	0.26
CO_2 ambiente	2.76	10.3	0.14	0.32
Concentração de CO_2 450 ppm	3.28	10.4	0.15	0.34
Concentração de CO_2 500 ppm	3.14	10.2	0.17	0.35
SEm+	**0.080**	**0.12**	**0.002**	**0.003**
CD(0,05)	**0.246**	**0.39**	**0.006**	**0.011**
Fator B (genótipos)				
TG 86	2.95	9.96	0.16	0.34
TG 84	2.94	10.01	0.15	0.33
TG 82	2.92	10.07	0.14	0.31
Mallika	2.94	9.90	0.15	0.31

Gangapuri	3.12	10.00	0.13	0.31
SEm±	**0.089**	**0.140**	**0.002**	**0.004**
CD(0,05)	**0.276**	**0.431**	**0.006**	**0.012**

Carbono da biomassa microbiana (μg/gm de solo)

Os dados apresentados na Tabela (4.15 e fig.11) revelaram que o valor mais elevado de carbono da biomassa microbiana foi registado no tratamento com concentração elevada de CO_2 500 ppm (271 e 351 μg/gm de solo, respetivamente) tanto aos 30 como aos 60 DAS, o que foi estatisticamente igual ao solo exposto à concentração elevada de CO_2 450 ppm (266 e 346 μg/gm de solo, respetivamente) A menor atividade da biomassa microbiana foi observada na concentração de CO_2 ambiente (221

e 330 μg/gm de solo, respetivamente) seguido da condição de atmosfera aberta (208 μg/g e 325 μg/gm de solo, respetivamente) aos 30 e 60 DAS.

Entre os diferentes genótipos de amendoim, a maior atividade de MBC no solo rizosférico de amendoim foi observada em TG 86 (247 μg/gm de solo), que foi estatisticamente igual ao genótipo TG 84 (244 μg/gm de solo), Mallika (243 μg/gm de solo) e TG 82 (242 μg/gm de solo.) No entanto, a menor atividade de biomassa microbiana do solo da rizosfera de amendoim foi observada em gangapuri (232 μg/gm solo) aos 30 DAS. Aos 60 DAS, a maior atividade de MBC foi observada em TG 86 (344 μg/gm solo) que estava a par com TG 84 (342 μg/gm solo) e a menor atividade de biomassa microbiana do solo da rizosfera de amendoim foi observada em gangapuri (328 μg/gm solo).

Quadro 4.15 Efeito de níveis elevados de CO_2 na biomassa microbiana do solo, no carbono e na fosfatase alcalina do solo rizosférico do amendoim

	Carbono da biomassa microbiana (μg/gm de solo)		Fosfatase alcalina (μg/hr/gm solo)	
Fator A (níveis de CO_2)	**30 DAS**	**60 DAS**	**30 DAS**	**60 DAS**
Ambiente aberto	208	325	30.6	39.4
CO_2 ambiente	221	330	31.0	42.5
Concentração de CO_2 450 ppm	266	346	33.3	50.6
Concentração de CO_2 500 ppm	271	351	33.9	51.9
SEm±	**1.4**	**1.4**	**0.29**	**0.37**
CD(0,05)	**4.4**	**4.2**	**0.88**	**1.13**
Fator B (genótipos)				
TG 86	247	344	33.2	48.0
TG 84	244	342	32.6	47.2
TG 82	242	338	32.2	45.5
Mallika	243	338	32.0	46.1
Gangapuri	232	328	31.1	43.9
SEm±	**1.6**	**1.5**	**0.32**	**0.41**
CD(0,05)	**4.9**	**4.7**	**0.99**	**1.26**

Fosfatase alcalina (μg/hr/gm solo)

Os dados relativos ao efeito de diferentes níveis de CO_2 na atividade da fosfatase alcalina do solo da rizosfera do amendoim são apresentados no (Quadro 4.15 e fig.11) que revelou que diferentes níveis de concentração de CO_2 tiveram um efeito significativo na atividade da fosfatase alcalina do solo da rizosfera do amendoim aos 30 e 60 DAS. As concentrações elevadas de CO_2 de 500 ppm e 450 ppm influenciaram significativamente a atividade da fosfatase alcalina do solo da rizosfera do amendoim.

A maior atividade da fosfatase alcalina foi observada no tratamento com concentração elevada de co2 500 ppm (33,9 µg/hr/gm solo) seguido da concentração de co2 450 ppm (33,3 µg/hr/gm solo). A menor atividade de fosfatase alcalina do solo rizosférico de amendoim foi observada em condições de atmosfera aberta (30,6 µg/hr/gm solo) aos 30 DAS. Mas 60 DAS, a fosfatase alcalina mais alta no tratamento que recebeu concentração elevada de co2 500 ppm (51,9 µg/hr/gm solo) seguido pela concentração de co2 450 ppm (50,6µg/hr/gm solo) e a menor atividade de fosfatase alcalina do solo da rizosfera de amendoim foi observada em condição de atmosfera aberta (39,4 µg/hr/gm solo).

Entre os diferentes genótipos de amendoim, a maior atividade de fosfatase alcalina do solo rizosférico de amendoim foi observada no TG 86 (33.2 µg/hr/gm solo) e 48,0 µg/hr/gm solo) que foi a par com o genótipo TG 84 (32,6 µg/hr/g solo) e 47,2 (µg/hr/gm solo) aos 30 e 60 DAS. No entanto, a menor atividade de fosfatase alcalina do solo rizosférico de amendoim foi observada em gangapuri (31,1µg/hr/gm solo) e (43,9 µg/hr/gm solo).

Microflora (bactérias, fungos, actinomicetos)

Bactérias

Uma avaliação dos dados (Tabela 4.16 e figura 12) revelou que a população bacteriana não diferiu significativamente com os diferentes genótipos de amendoim, mas diferentes níveis de concentração de co2 tiveram um efeito significativo na população bacteriana do solo da rizosfera do amendoim aos 30 e 60 DAS. As concentrações elevadas de CO2 de 500 ppm e 450 ppm influenciaram significativamente a população bacteriana do solo da rizosfera do amendoim, onde a maior população bacteriana do solo da rizosfera do amendoim foi observada com a concentração elevada de co2 de 500 ppm (65,0 × 10^5 e 66,0 ×10^5 CFU /gm de solo seco, respetivamente), seguida pela concentração de co2 de 450 ppm (62,2 × 10^5 e 65.^{5}No entanto, a menor população bacteriana do solo rizosférico do amendoim foi observada na condição de atmosfera aberta (34,8 × 10^5 e 40,6 ×10^5 CFU /gm solo seco, respetivamente) em ambos os 30 e 60 DAS.Entre os diferentes genótipos de amendoim, a maior população bacteriana do solo rizosférico de amendoim foi observada em TG 86 (50,5 × 10^5 CFU /gm solo seco), que foi a par com TG 84 (50,3 × 10^5 CFU /gm solo seco) e gangapuri (49,8CFU /gm solo seco) aos 30 DAS. Mas aos 60 DAS, a maior população bacteriana foi observada em TG 86 (55.0 × 10^5 CFU /gm solo seco) seguido por TG 84 (54.8 × 10^5 CFU /gm solo seco), TG 82(54.5× 10^5 CFU /gm solo seco)) e gangapuri (54.0 × 10^5 CFU /gm solo seco) No entanto, a menor população bacteriana do solo rizosférico de amendoim foi observada em Mallika (49.3 ×

10^5 CFU /gm solo seco) e (53,5 10^5 CFU /gm solo seco) aos 30 e 60 DAS.

Fungos

A população fúngica foi enumerada e os dados apresentados (Tabela 4.16 e fig. 12) revelaram que a população fúngica não diferiu significativamente com diferentes genótipos de amendoim, mas diferentes níveis de concentração de co2 tiveram um efeito significativo na população fúngica do solo da rizosfera do amendoim aos 30 e 60 DAS. As concentrações elevadas de co2 de 500 ppm e 450 ppm influenciaram significativamente a população de fungos no solo da rizosfera do amendoim.

Significativamente, a população fúngica mais elevada do solo da rizosfera do amendoim foi observada com concentração elevada de co2 500 ppm (5,8 × 10^3 e 6,8 ×10^3 CFU /gm solo, respetivamente) seguida pela concentração de co2 450 ppm (5,0 × 10^3 e 5,8 ×10^3 CFU /gm solo) aos 30 e 60 DAS. No entanto, a população fúngica mais baixa do solo da rizosfera do amendoim foi observada em condições de atmosfera aberta (2,8 × 10^3 e 3,8 ×10^3 CFU /gm solo, respetivamente) tanto aos 30 como aos 60 DAS.

Entre os diferentes genótipos de amendoim, a população fúngica significativamente mais elevada do solo rizosférico do amendoim foi observada em TG 86 (5,0 × 10^3 CFU /gm solo) seguido por TG 84 (4,2 ×10^3 CFU /gm solo) e Mallika (4,2 ×10^3 CFU /gm solo) e a população fúngica mais baixa do solo rizosférico do amendoim foi observada em TG 82 (3,7×10^3 CFU /gm solo) aos 30 DAS.

Mas aos 60 DAS, a população fúngica significativamente mais alta do solo da rizosfera do amendoim foi observada em TG 86 (6,0 × 10^3 CFU /gm solo) seguido por TG 82 (5,2 × 10^3 CFU /gm solo) e Mallika (5,2 × 10^3 CFU /gm solo). No entanto, a população fúngica mais baixa do solo da rizosfera do amendoim foi observada em gangapuri (4,7 × 10^3 CFU /gm solo).

Actinomicetos

A população de actinomicetes foi enumerada e os dados apresentados no quadro 4.16 e na figura 12 mostraram que a população de actinomicetes não diferiu significativamente entre os diferentes genótipos de amendoim, mas os diferentes níveis de concentração de CO_2 tiveram um efeito significativo na população de actinomicetes do amendoim Quadro 4.16 Efeito de níveis elevados de CO_2 na população de bactérias, fungos e actinomicetes do solo rizosférico do amendoim

	Microflora					
Bactérias (x 10^5 CFU gm/solo) (x 10^3			Fungos UFC gm/solo		Actinomicetos (x 10^4 CFU gm/solo)	
	30 DAS	60 DAS	30 DAS	60 DAS	30 DAS	60 DAS
Níveis do Fator A (CO_2)						
Ambiente aberto	34.8	40.6	2.8	3.8	136.2	147.4
CO_2 ambiente	35.4	45.0	3.4	4.6	143.6	151.2
Concentração de CO_2 450 ppm	64.2	65.8	5.0	5.8	154.6	163.2
Concentração de CO_2 500 ppm	65.0	66.0	5.8	6.8	155.4	163.8
SEm±	**0.27**	**0.32**	**0.23**	**0.26**	**0.38**	**0.46**
CD(0,05)	**0.84**	**0.99**	**0.72**	**0.81**	**1.17**	**1.42**
Fator B (genótipos)						
TG 86	50.5	55.0	5.0	6.0	148.3	157.5
TG 84	50.3	54.8	4.3	5.0	148.0	156.5
TG 82	49.5	54.5	3.8	5.3	147.3	156.5
Mallika	49.3	53.5	4.3	5.3	147.3	156.5
Gangapuri	49.8	54.0	4.0	4.8	146.5	155.0
SEm±	**0.31**	**0.36**	**0.26**	**0.29**	**0.43**	**0.52**
CD(0,05)	**0.94**	**1.11**	**0.81**	**0.90**	**1.31**	**1.59**

solo rizosférico aos 30 e 60 DAS. As concentrações elevadas de CO_2 de 500 ppm e 450 ppm influenciaram significativamente a população de actinomicetas do solo rizosférico do amendoim. Significativamente, a maior população de actinomicetos foi observada na concentração elevada de CO_2 500 ppm (155,4 × 10^4 CFU /gm solo) aos 30 DAS e (163,8 ×10^4 CFU /gm solo) aos 60 DAS, seguida pela concentração de CO_2 450 ppm (154,6 × 10^4 e 163,2 ×10^4 CFU /gm solo, respetivamente). No entanto, a menor população de actinomicetos do solo rizosférico do amendoim foi observada em condições de atmosfera aberta (136,2 × 10^4 CFU /gm solo) e (147,4 ×10^4 CFU /gm solo) tanto aos 30 como aos 60 DAS.

Da mesma forma, entre os diferentes genótipos de amendoim, a população significativamente mais elevada de actinomicetos do solo da rizosfera do amendoim foi observada em TG 86 (148,3 × 10^4 e 157,5 ×10^4 CFU /gm solo). Os genótipos TG 84 (148,0 × 10^4 e 156,5 ×10^4 CFU /gm solo), TG 82 (147,3×10^4 CFU /gm solo e 156,5 ×10^4 CFU /gm solo) e Mallika (147,3×10^4 CFU /gm solo e 156,5 ×10^4 CFU /gm solo) permaneceram iguais entre si aos 30 e

60 DAS, respetivamente. No entanto, a população mais baixa de actinomicetos do solo da rizosfera do amendoim foi observada em gangapuri ($146,5 \times 10^4$ e $155,0 \times 10^4$ CFU /gm solo) tanto aos 30 como aos 60 DAS.

4.6 Economia

O custo de cultivo do amendoim foi calculado com base nas taxas de insumos e mão de obra prevalecentes durante o período de crescimento da cultura e nos valores do produto com base no preço de mercado durante o mês de outubro de 2019. A fim de avaliar a viabilidade económica dos diferentes tratamentos, a economia em termos de rendimentos brutos e rendimentos líquidos foi calculada e apresentada no quadro 4.17. Os resultados revelaram que os rendimentos líquidos, os rendimentos brutos e B:C foram significativamente influenciados por diferentes níveis de concentração de CO_2 e diferentes genótipos.

Tabela 4.17. Efeito de níveis elevados de CO_2 na economia dos genótipos de amendoim

	Rendimentos brutos	Rendimentos líquidos	Rácio B C
Níveis do fator A (CO)₂			
Ambiente aberto	120694	74039	1.59
CO2 ambiente	145997	99342	2.13
Concentração de CO2 450 ppm	175804	129149	2.77
Concentração de CO2 500 ppm	224239	177584	3.81
SEm±	**8055**	**8055**	**0.173**
CD(0,05)	**24820**	**24820**	**0.532**
Fator B (genótipos)			
TG 86	211392	164737	3.53
TG 84	186044	139389	2.99
TG 82	161708	115053	2.47
Malika	159222	112567	2.41
Gangapuri	115051	68396	1.47
SEm±	**9005**	**9005**	**0.195**
CD(0,05)	**27749**	**27749**	**0.595**

Significativamente, a maior realização bruta (224239 Rs/ha) e líquida (177584 Rs/ha) com o maior B:C de 3,81 foi registada com uma concentração elevada de CO_2 até 500 ppm. No entanto, os outros tratamentos permaneceram estatisticamente semelhantes entre si. Da mesma forma, os diferentes genótipos influenciaram notavelmente os retornos brutos e líquidos, sendo que o genótipo TG-86 assegurou os maiores retornos brutos (211392 Rs/ha) e líquidos (164737 Rs/ha) com o maior B:C de 3,53. Os genótipos TG-84, TG-82, Mallika e Gangapuri registaram valores semelhantes.

CAPÍTULO 5

DISCUSSÃO

Os resultados da investigação do presente estudo, intitulado "Produtividade, qualidade e fertilidade do solo do amendoim (Arachis hypogaea L.) com dióxido de carbono elevado", foram descritos nos capítulos anteriores em relação aos parâmetros de crescimento, atributos de rendimento e rendimento, teor de proteínas e amido e respectivos rendimentos da cultura do amendoim, composição de ácidos gordos (ácido oleico e linoleico), propriedades biológicas do solo e economia. Neste capítulo, tentou-se até agora analisar os resultados de forma crítica para estabelecer uma relação de causa e efeito à luz das evidências e da literatura disponíveis.

Condições climatéricas

As condições climatéricas têm um grande impacto no crescimento, na fisiologia e no desempenho das culturas. Por isso, é essencial analisar as conclusões dos resultados experimentais. Os diferentes parâmetros meteorológicos registados durante a época de cultivo são apresentados no Anexo I e representados nas Figuras 3.1. A temperatura média máxima e mínima durante o período de crescimento foi de 35,2°C e 24,5°C, com uma precipitação de 907,7 mm durante o período de crescimento da cultura (julho a outubro) em 2019. Uma boa quantidade de precipitação foi recebida durante o crescimento da cultura, o que foi maior em comparação com a precipitação média de 751 mm da região de Gwalior de Madhya Pradesh, mas a distribuição foi desigual e a intensidade foi muito alta, resultando em alagamento em alguns estágios de crescimento da cultura. Os restantes parâmetros meteorológicos indicam que as condições climáticas durante a estação de cultivo foram favoráveis em termos de temperatura e humidade relativa para o crescimento e desenvolvimento das plantas.

Desempenho do amendoim

Parâmetros de crescimento e fisiologia

Sendo uma cultura de leguminosas C3, espera-se que o amendoim afecte com o CO_2 elevado os seus parâmetros de crescimento, fisiológicos e de rendimento. Os resultados revelaram que os níveis elevados de CO_2 aumentaram efetivamente e diferiram significativamente na sua magnitude de resposta para os parâmetros de crescimento viz, estande final da planta, número de ramos aos 30, 60 e 90 DAS, clorofila a, clorofila b e conteúdo total de clorofila aos 45, 60 e 90 DAS (Tabela 4.6 a 4.8) para todos os genótipos de amendoim como TG 86, TG 84, TG 82, Mallika e Gangapuri, enquanto a resposta não foi significativa para o estande inicial da planta aos 20 DAS, número de nódulos na zona radicular aos 45, 60 e 90 DAS, dias para 50% de floração e dias para maturidade (Tabela 4.4 a 4.5). O efeito concomitante destas melhorias nos parâmetros de crescimento levou a um aumento nos melhores atributos de rendimento e maiores rendimentos na colheita (Tabela 4.9 a 4.10).

Sob CO_2 elevado, registou-se um aumento do número de folhas e do número de ramos/plantas em diferentes estádios de crescimento, bem como um aumento da área foliar (tamanho das folhas), tendo sido observadas folhas mais largas sob CO_2 elevado. No entanto, o CO_2 elevado aumentou a fotossíntese, o que pode estar a causar um aumento no número de folhas e um maior número de ramos (Tabela 4.3). As respostas de crescimento dos genótipos de amendoim com CO_2 elevado estão em sintonia com relatórios anteriores sobre o desempenho de diferentes culturas e investigadores. Ratnakumar et al., (2013) relataram que o incremento na biomassa do caule, raiz, folha e biomassa total dos genótipos de amendoim TPT-1, TPT-4, TMV-2 mostrou resposta positiva e significativa ao CO_2 elevado. A altura da planta de grama preta aumentou de 9 a 34% com 700 ppm, 2 a 21% com 550 ppm em diferentes estágios de crescimento (Vanaja et al., 2007). Srivastava et al., (2001) relataram que o CO_2 elevado resultou numa maior área foliar, comprimento da raiz e altura da planta, juntamente com uma melhor produção de matéria seca no feijão mungo em diferentes fases de crescimento. Stanciel et al., (2000) referiram que, devido ao CO_2 elevado, certos genótipos de amendoim da Virgínia resultaram num aumento da taxa fotossintética, da biomassa e da produção de vagens de amendoim. Allen et al. (1991) relataram que o crescimento expansivo da soja aumentou com o CO_2, levando a uma maior altura do caule principal, comprimento dos ramos e diâmetro do caule. O aumento contínuo da área foliar e da área foliar por planta leva a um aumento de vários atributos de rendimento.

Devido à partição dos foto assimilados acumulados em componentes estruturais como o caule e os pecíolos durante a fase vegetativa, que por sua vez suportam as folhas para uma melhor foto assimilação. Assim, esta resposta diferencial dos genótipos de uma determinada cultura ao CO_2 elevado resulta de uma alteração na afetação dos foto assimilados. No âmbito da experimentação, a resposta global dos genótipos foi máxima com CO_2 elevado para a altura das plantas, o número de ramos/plantas, o número de nódulos e a formação de clorofila em diferentes fases de crescimento. A tendência semelhante também foi relatada por Vaidya et al., 2014, onde a maior resposta foi no estágio inicial (FLS) em Narayani e Abhaya, onde foi no estágio posterior (PGS) em JL-24, ICGV 91114 e Dharani. Entre os genótipos, a maior área foliar com CO2 elevado foi registada em Dharani (734 cm^2) no FLS e a melhoria máxima (31%) em Abhaya em relação ao ambiente. O genótipo JL-24 registou a maior área foliar (2072 cm^2), bem como uma melhoria em relação ao ambiente (34%) numa fase de crescimento mais tardia.

Atributos de rendimento e rendimento

Na secção anterior, foi bem enfatizado que as plantas de diferentes genótipos de amendoim cultivadas em níveis elevados de CO_2 de 500 ppm tiveram a maior produção de biomassa acima do solo (Tabela 4.9 a 4.10), o que resultou em taxas fotossintéticas líquidas mais elevadas do que as das plantas cultivadas em níveis mais baixos de CO_2 e das exibidas pelas plantas cultivadas no ambiente. Isto sugere que

maior disponibilidade de metabolitos para o crescimento e desenvolvimento de estruturas reprodutivas (sumidouro), o que, em última análise, levou à obtenção de maior rendimento/planta (Quadros 4.9 a 4.10). Os níveis elevados de concentração de CO_2 resultaram nos atributos de rendimento mais elevados dos genótipos de amendoim, reflectidos nos valores mais elevados de vagem/planta, peso de vagem/planta, peso de teste e rendimento de vagem sob diferentes tratamentos de nível de CO_2. Os atributos de rendimento e a produção de vagens e de lâminas mostraram um aumento linear com o enriquecimento de CO_2. O número de vagens, o peso das vagens por área, a percentagem de grãos maduros e o peso de teste aumentaram com o enriquecimento de CO_2 atmosférico de 400 a 500 ppm. Isto pode dever-se ao facto de, com o aumento da concentração de CO_2 atmosférico, a condutância estomática diminuir e também reduzir as perdas de água por transpiração. Os melhores atributos de rendimento e o aumento da produção de vagens obtidos neste estudo estão de acordo com as conclusões de Chen e Sung (1990) e Hardy e Havelka (1977). Ackerson et al. (1984) atribuíram os elevados rendimentos de sementes obtidos para a soja sob enriquecimento de CO_2 a um maior número de vagens e sementes por planta.

Uma vez que o peso da vagem por planta depende do número de vagens/planta e do peso do grão individual, a maior produção de vagens por planta sob níveis elevados de CO_2 pode ser atribuída à melhoria destes parâmetros (Quadro 4.9 a 4.10). Os atributos de rendimento mais elevados com diferentes níveis de CO_2 são, portanto, responsáveis pelo aumento dos rendimentos, o que também pode ser explicado pela correlação positiva entre os atributos de rendimento e o rendimento do amendoim (Figura 5, 6). Com níveis elevados de CO_2, o aumento da produção de vagens e de grãos de amendoim foi superior ao do seu crescimento vegetativo. Isto deve-se ao fenómeno de que o crescimento vegetativo é um processo contínuo e tem prioridade para todos os assimilados até ao estabelecimento das sementes e ao início das vagens. As vagens e as sementes tornam-se então fortes sumidouros de assimilados, reduzindo assim a fração disponível para o crescimento vegetativo. O índice de colheita (HI), que é uma indicação da distribuição relativa de fotossintatos entre as sementes e o resto da planta, aumentou significativamente com o enriquecimento de CO_2, mas não foi influenciado pelos diferentes genótipos de amendoim (Quadro 4.10). Esses resultados não estão de acordo com os de Clifford et al. (1993), que relataram que o HI em amendoim não foi significativamente influenciado pelo enriquecimento de CO_2. A razão para esta diferença pode dever-se, em parte, ao facto de as plantas terem sido sujeitas a stress hídrico no estudo de Clifford, enquanto no nosso estudo as plantas foram cultivadas em hidroponia.

Estes resultados estão de acordo com Boote et al., (1986) e Boote et al., (1992). A resposta positiva de culturas de leguminosas como o feijão-frade (Mbikayi et al. 1983) e o feijão-mungo (Srivastava et al. 2001) e o feijão-urd (Vanaja et al. 2007) a condições de CO_2 elevado foi registada em termos de biomassa, área foliar e rendimento de sementes. Hakan Pleijel et al. (2000), no seu estudo, também referiram que o efeito do CO_2 elevado no rendimento de grãos e palha foi positivo em 21 e 29%, respetivamente. A variação intra-específica na resposta do rendimento ao CO_2 elevado foi encontrada na soja (Ziska e Bunce 2000 e Ziska et al. 2001), no arroz (Ziska et al. 1996, Moya et al.1998, e Baker, 2003) e no trigo (Manderscheid e Weigel, 75 1997 e Ziska et al. 2004). A identificação de linhas ou das caraterísticas das linhas que têm um rendimento superior em condições de CO_2 elevado no campo poderia ajudar na adaptação das culturas a esta mudança global, facilitando o desenvolvimento de variedades mais capazes de explorar o aumento do CO_2 atmosférico.

Efeito nas propriedades biológicas do solo da rizosfera de um genótipo de amendoim
Actividades enzimáticas do solo no solo rizosférico
As enzimas do solo são indicadores de alterações nos processos subterrâneos e desempenham um papel importante no controlo da decomposição da matéria orgânica do solo (Sinsabaugh e Moorhead, 1994). O enriquecimento de CO_2 teve um impacto profundo nas actividades enzimáticas do solo e influenciou as actividades enzimáticas do solo através da alteração da qualidade e da quantidade de substratos derivados de plantas que entram no solo (Zak et al., 2000 e Aranjuelo et al., 2007). Os diferentes tratamentos de enriquecimento com CO_2 diferiram significativamente no que diz respeito às actividades enzimáticas do solo (desidrogenase, fosfatase alcalina, urease e carbono da biomassa microbiana) estimadas aos 30 e 60 DAS em diferentes genótipos de amendoim no solo rizosférico (Tabela 4.14 a 4.15). A concentração de 500 ppm de CO_2 resultou numa atividade significativamente mais elevada de desidrogenase, fosfatase alcalina, urease e MBC no solo aos 30 e 60 DAS sob solo rizosférico de diferentes genótipos de amendoim, em comparação com a atmosfera aberta e a concentração de CO_2 ambiente.

Ross (1970) afirmou que a atividade da desidrogenase parecia depender mais do estado metabólico do solo ou da atividade biológica da população microbiana do que de qualquer enzima livre presente. É uma medida da atividade microbiana do solo que é fortemente influenciada pela presença de nitrato, que serve como um aceitador de electrões alternativo, resultando em actividades baixas (Casida et al. 1964). A fosfatase alcalina controla a mineralização dos ésteres de P do solo (Speir e Ross 1978) para produzir fosfato inorgânico. A urease é um regulador central do ciclo do N nas células microbianas (Rotini 1935; Prusiner 1973) e produz N mineral durante a decomposição de compostos de N alifáticos e aromáticos na matéria orgânica do solo. As actividades da urease e da fosfatase alcalina foram relacionadas com a acumulação de matéria orgânica (Goyal et al., 1999). A temperatura elevada e a humidade suficiente sob níveis elevados de CO_2 resultaram numa melhor decomposição da matéria orgânica que serve de substrato para as actividades microbianas e num maior teor de carbono da biomassa microbiana no solo.

A atividade da desidrogenase é considerada um indicador do metabolismo oxidativo no solo e, por conseguinte, da atividade microbiológica (Wlodarczyk et al., 2002). Na presente investigação, foram registados resultados semelhantes, em que a atividade da desidrogenase foi significativamente mais elevada em condições de CO_2 elevado aos 30 e 60 DAS, mas não foi influenciada por diferentes genótipos rizosféricos

solo (Quadro 4.14). Do mesmo modo, Bhattacharyya et al. (2013) e Das et al. (2011) também revelaram uma maior atividade de desidrogenase em condições de CO_2 elevado. A maior atividade de desidrogenase em condições de CO_2 elevado pode estar correlacionada com uma maior população microbiana e conteúdo de MBC (Saurav et al., 2011 e Xuefeng et al., 2010.). No presente estudo, também se registou o maior teor de MBC em condições de CO_2 elevado, em comparação com as condições de CO_2 ambiente.

A atividade da enzima urease foi maior em níveis elevados de CO_2 aos 30 e 60 DAS no solo rizosférico da cultura do amendoim, o que pode ser devido à conversão de N orgânico em N inorgânico através da hidrólise da ureia em amoníaco e o CO_2 é uma via importante de transformação de N no solo. Das et al., (2011) e Feng et al., (2007) confirmaram inequivocamente que a condição de CO_2 elevado registou a maior atividade da urease no solo da rizosfera do arroz e concluíram que a condição de CO_2 elevado favoreceu a conversão de N orgânico em N inorgânico através da hidrólise da ureia pela atividade da urease. As nossas conclusões da presente investigação também estão de acordo com as conclusões dos trabalhadores anteriores, tal como acima referido, embora não em solos de arroz.

A enzima fosfatase alcalina desempenha um papel importante na transformação do fósforo orgânico em fósforo inorgânico no solo e estas actividades são os factores importantes na manutenção e no controlo do ciclo do fósforo. A atividade da fosfatase alcalina foi significativamente mais elevada sob uma concentração elevada de CO_2 de 500 ppm, seguida de uma concentração elevada de CO_2 de 450 ppm aos 30 e 60 DAS. Resultados semelhantes foram também documentados por vários trabalhadores (Kang et al., 2005; Das et al., 2011; Kang et al., 2005 e Guenet et al., 2012). Este resultado pode ser explicado pelo facto de o aumento da fosfatase alcalina sob CO_2 elevado beneficiar os microrganismos do solo, a fim de utilizar a energia presente na entrada de C fresco para obter o P de que necessitam (Reich et al., 2006)

A biomassa microbiana é uma importante fração responsável da matéria orgânica do solo, funcionando como força motriz na reciclagem da matéria orgânica. No presente estudo, o carbono da biomassa microbiana aumentou sob a influência de condições elevadas de CO_2 aos 30 e 60 DAS do período de crescimento da cultura. O carbono da biomassa microbiana foi mais reativo em condições de CO_2 elevado do que em condições de CO_2 ambiente (Saurav et al.,

2011; Rakshit et al., 2012 e Bhattacharyya et al., 2013). O aumento do carbono da biomassa microbiana sob CO_2 elevado pode dever-se à quantidade acrescida de exsudados radiculares que actuaram como substratos de C para os micróbios, o que se reflectiu no aumento da MBC (Emmerlling et al., 2000).

Microflora do solo (bactérias, fungos, actinomicetos) no solo rizosférico

A população microbiana no solo da rizosfera determina a fertilidade do solo e a disponibilidade de nutrientes para as culturas. As populações totais de bactérias, fungos e actinomicetas associadas ao solo da rizosfera do amendoim foram comparativamente mais elevadas sob condições de CO_2 elevado do que sob condições ambientais e atmosféricas abertas aos 30 e 60 DAS (Quadro 4.16). Mas os diferentes genótipos de amendoim não tiveram efeito significativo na população da microflora do solo em diferentes fases de crescimento da cultura. Da mesma forma, Drigo et al., (2008) estudaram o impacto do CO_2 elevado nas comunidades bacterianas do rizoma e revelaram que o CO_2 elevado influenciou significativamente a população bacteriana. Vários trabalhadores referem que o ecossistema vegetal responde ao aumento da concentração de CO_2 com um aumento da fotossíntese, do crescimento e da afetação de recursos (Jablonski et al., 2002). Assim, um aumento da concentração atmosférica de CO_2 pode ter aumentado a produção de compostos orgânicos pelas raízes das plantas e também a exsudação radicular, alterado a afetação de recursos e a atividade dos micróbios do solo através de alterações quantitativas na disponibilidade de nutrientes C (Haase et al., 2007). Xuefeng et al (2010). Relataram que a população fúngica foi enumerada em condições de CO_2 elevado do que em condições ambientais e atmosféricas abertas devido ao aumento da rizodeposição em condições de CO_2 elevado. O crescimento fúngico pode ter sido reforçado pelo tratamento com CO_2 elevado como resultado do aumento da produção primária nestas parcelas (Kammann et al., 2005). O novo C que entra no solo sob CO_2 elevado pode favorecer organismos com menores necessidades de nutrientes. Os fungos caracterizam-se por uma elevada relação C: N em comparação com as bactérias, o que explica por que razão o CO_2 elevado pode afetar os fungos mais rapidamente do que as bactérias (Blagodatskaya et al., 2010)

Efeito na composição em ácidos gordos, proteínas, teor de amido e respetivo rendimento dos genótipos de amendoim

Todos os 05 genótipos de amendoim foram analisados quanto ao seu teor de proteína e óleo, ácido linoleico e ácido oleico em diferentes tratamentos de enriquecimento de CO_2. No nosso estudo, todos os parâmetros bioquímicos acima referidos foram estimados após a colheita da cultura, em que a proteína total e o seu rendimento variaram de TG 86 e TG 84 a TG 82 e Mallika, o óleo total e o rendimento de TG 86 e TG 84, TG 82 e Mallika. A concentração elevada de CO_2 de 450 ppm resultou no teor significativamente mais elevado de proteína e óleo e no seu rendimento, respetivamente, em comparação com o CO_2 em atmosfera aberta, mas foi igual aos níveis de CO_2 ambiente. No entanto, o aumento dos níveis de CO_2 até 500 ppm registou uma tendência negativa no teor de proteínas. No entanto, o teor de óleo aumentou com o enriquecimento de CO_2, em contraste com o resultado do teor de proteínas. Uma conclusão semelhante foi também relatada por Plejiel, et al (2000), que referiu que a concentração de proteínas e, consequentemente, a qualidade do grão de soja foram negativamente afectadas pelo CO_2 elevado. Na soja, o crescimento em CO_2 elevado diminuiu significativamente o teor de proteínas, mas apenas em 1,4% (Taub et al. 2008). A menor concentração de proteínas nas sementes sob CO_2 elevado pode ser atribuída ao efeito de diluição, uma vez que o CO_2 elevado aumenta a acumulação de hidratos de carbono

(Gifford et al., 2000; Wu et al., 2004). Sob CO_2 elevado, o aumento do ganho de carbono pode ser usado para a síntese de proteínas, o que requer uma grande quantidade de energia para a manutenção do processo de síntese (Pérez-López et al., 2014; Fangmeier et al., 2002). O teor de óleo com o enriquecimento de CO_2 em nosso estudo também foi corroborado pelos diversos achados de aumento na concentração de óleo em soja, amendoim ou outras culturas sob O2 elevado (Högy et al.., 2010; Hao et al., 2014). Isto deve-se ao facto de o fenómeno, como a síntese e armazenamento de óleo nas plantas, que são aumentados sob CO_2 elevado, estarem envolvidos no fornecimento de carbono e energia (Rawsthorne, 2002; Bates et al., 2013). Singh et al. (2016) também relataram que o aumento da concentração de óleo de semente sob CO_2 elevado é atribuído ao efeito estimulatório direto na fotossíntese.

A elevação do CO_2 terá efeitos diretos na saúde humana e na qualidade das sementes. O teor de proteínas de grãos C3 não leguminosos, incluindo cevada (Hordeum vulgare), trigo (Triticum aestivum) e arroz (Oryza sativa), diminuiu 14% em CO_2 elevado em leguminosas como não leguminosas (Jablonskl et al., 2002). Li et al., (2018) também relataram e demonstraram que o CO_2 elevado não teve influência na concentração de proteína na semente de soja no estágio fresco, mas o eCO2 diminuiu significativamente (P <0,05) a concentração de proteína no estágio de maturidade. Sarvamangala et al., (2011) descobriram que o GPBD4, foi maior em teor de proteína, teor de óleo, ácido oleico e relação O / L e TG26 foi maior valor pai para o ácido linoleico. Concluiu também que o teor de proteínas e o teor de óleo apresentaram uma correlação negativa (r= -0,294). Entre os traços de qualidade do óleo, foi observada uma forte correlação negativa entre os ácidos oleico e linoleico (r= -0,987).

Entre a composição de ácidos gordos, os amendoins em geral são constituídos por ácidos oleico e linoleico (>70%). No nosso estudo, a concentração de ácido oleico manteve-se após a elevação de CO_2 e variou entre 33% e 36,9%, mas o teor de ácido linoleico em todos os genótipos foi reduzido com a elevação de CO_2 e variou entre 38,3% e 42,3% (Quadro 4.13) nas cinco cultivares de amendoim sob diferentes tratamentos de enriquecimento de CO_2. O CO_2 elevado tem uma grande influência na composição de ácidos gordos noutras espécies de plantas. Foi relatado que o ácido linoleico é muito importante para reduzir o colesterol no sangue (Shenolikar, 1980; Uprety et al., 2010). Mas a diminuição do ácido linoleico causada pelo CO_2 elevado é questionável e investigável na qualidade do óleo de amendoim para consumo humano.

Em contradição com o nosso estudo, Zheng et al. (2020) referiram que a concentração da maioria dos ácidos gordos se manteve após a elevação de CO_2, exceto a do ácido oleico, que diminuiu significativamente de 55,85 para 45,70 mg/g. O aumento do ácido linoleico foi de aproximadamente 2,5% e a diminuição do ácido oleico foi de aproximadamente 3,5%. A proporção de ácido palmítico, ácido esteárico e ácido linoleico aumentou, enquanto apenas o nível de ácido oleico diminuiu, e o de ácido linolénico permaneceu inalterado. O CO_2 elevado acelerou a fotossíntese em todas as fases de crescimento da cultura, o que pode aumentar o fornecimento de O_2, aumentando assim a atividade da oleato dessaturase, que dessatura o ácido oleico em ácido linoleico, é sensível a alterações ambientais, e as reduções no ácido oleico estão geralmente associadas a um aumento no ácido linoleico e vice-versa (Izquierdo et al., 2009; Zapata et al., 1987).

CAPÍTULO 6

RESUMO E CONCLUSÃO

O estudo de campo intitulado "Produtividade, qualidade e fertilidade do solo do amendoim (Arachis hypogaea L.) com dióxido de carbono elevado" foi realizado durante o kharif 2019 na Fazenda de Pesquisa, Faculdade de Agricultura, R.V.S.K.V.V., Gwalior. Os principais resultados da presente investigação estão resumidos abaixo:

Desempenho de genótipos de amendoim sob tratamentos de elevação de CO_2 Parâmetros de crescimento

> Os diferentes tratamentos de elevação de CO_2 tiveram um efeito significativo em todos os parâmetros de crescimento, exceto no stand inicial das plantas de todos os genótipos de amendoim. As concentrações elevadas de CO_2 de 500 ppm atingiram valores significativamente mais elevados de parâmetros de crescimento em termos de altura da planta, número de ramos, número de nódulos, clorofila a, b e conteúdo total em folhas frescas em vários estágios de genótipos de amendoim e dias para 50% de floração e dias para 50% de maturidade, que foi a par com a concentração elevada de CO_2 de 450 ppm.

> A concentração atmosférica aberta de CO_2 de 410 ppm registou uma redução significativa nos valores de todos os parâmetros de crescimento dos genótipos de amendoim em comparação com as concentrações de CO_2 ambiente e elevada.

> Os genótipos de amendoim TG 86, TG 84, TG 82, Mallika e Gangapuri também apresentaram diferenças significativas em todos os parâmetros de crescimento sob tratamentos de enriquecimento com CO_2, exceto no que diz respeito ao estado inicial e final das plantas.

> Os genótipos TG 86 e TG 84 tiveram o melhor desempenho em todas as concentrações de CO_2 e Gangapuri registou os valores mais baixos de todos os parâmetros de crescimento em termos de altura da planta, número de ramos, número de nódulos, clorofila a, b e conteúdo total em folhas frescas em várias fases de genótipos de amendoim e dias para 50% de floração e dias para 50% de maturidade.

Atributos de rendimento e rendimento

> Os valores mais elevados dos atributos de rendimento dos genótipos de amendoim, como o número de vagens/planta, o peso das vagens/planta, o peso de 100 grãos, a percentagem de descasque e a percentagem de grãos maduros e sãos, foram registados significativamente mais elevados com concentrações elevadas de CO_2 de 500 ppm e foram estatisticamente iguais às de $eCO2$ 450 ppm.

> Do mesmo modo, o rendimento significativamente mais elevado de amêndoa, de vagem e de película/planta foi obtido sob concentrações elevadas de $CO2$ de 500 ppm, o que foi igual ao $eCO2$ de 450 ppm. O rendimento de grãos de TG 86, TG84, TG 84, mallika e gangapuri sob $eCO2$ de 500 e 450 ppm foi

> O CO_2 atmosférico aberto de 410 ppm registou os valores mais baixos de todos os atributos de rendimento e do rendimento de vagens e de alporques/planta de todos os genótipos de amendoim em estudo.

> Entre os diferentes genótipos de amendoim, o TG 86 teve o melhor desempenho e registou os valores mais elevados de atributos de rendimento e alcançou o rendimento

máximo de grãos, vagens e hastes/planta, que foi estatisticamente igual ao TG 84. O Gangapuri obteve os valores mais baixos de todos os atributos de rendimento e teve um desempenho fraco em todas as câmaras OTC com diferentes elevações de CO2.

Composição em ácidos gordos (ácido oleico e linoleico)

> O ácido oleico significativamente máximo (%) dos genótipos de amendoim foi registado com uma concentração elevada de CO2 de 450 ppm e foi seguido pela concentração de CO2 ambiente. Mas o conteúdo de ácido oleico no grão foi reduzido com eCO2 500 ppm. Por outro lado, o ácido linoleico significativamente mais elevado no grão foi registado em condições de atmosfera aberta, o que foi igual à concentração de CO2 de 500 ppm. No entanto, o ácido linoleico mínimo no grão de amendoim foi registado com uma concentração de CO2 de 450 ppm.

> Entre os diferentes genótipos de amendoim, os ácidos oleico e linoleico (%) mais elevados foram registados em TG 82, que se manteve a par de TG 84, TG 86 e mallika. No entanto, o teor mínimo de ácido oleico e linoleico no grão de amendoim foi registado em gangapuri.

Teor de proteínas e de amido e respetivo rendimento

> O teor de proteína significativamente mais elevado dos genótipos de amendoim foi registado no tratamento em que a concentração de CO2 foi elevada até 450 ppm e foi estatisticamente semelhante à concentração de CO2 ambiente. A elevação da concentração de CO2 até 500 ppm registou o teor proteico mais baixo. No entanto, o teor de óleo mais elevado de todos os genótipos de amendoim foi registado com eCO2 de 500 ppm, que foi estatisticamente semelhante ao eCO2 de 450 ppm e à concentração de CO2 ambiente.

> O rendimento significativamente mais elevado de proteína e óleo/planta dos genótipos de amendoim foi registado com uma concentração elevada de CO2 de 500 ppm, seguida da concentração de CO2 de 450 ppm. No entanto, o menor rendimento de proteína e óleo/planta de amendoim foi registado em condições de atmosfera aberta.

> Entre os diferentes genótipos de amendoim, o teor de proteínas significativamente mais elevado foi registado em TG 86 e gangapuri, a par de mallika, TG 82 e TG 84. No entanto, o teor de óleo foi mais elevado em Mallika, a par de TG 82, TG 84 e TG 86.

> O rendimento significativamente mais elevado de proteína e óleo/planta dos genótipos de amendoim foi registado em TG86 e foi seguido por TG 84. No entanto, o menor rendimento de proteína e óleo/planta de amendoim foi registado no gangapuri.

Propriedades do solo rizosférico do amendoim

Atividade enzimática no solo rizosférico

> A maior atividade de todas as enzimas em estudo como a desidrogenase, a fosfatase alcalina, a urease e o carbono da biomassa microbiana foi registada com um eCO2 de 450 ppm que foi estatisticamente semelhante ao eCO2 de 500 ppm tanto aos 30 como aos 60 DAS. A atividade enzimática mais baixa foi observada na atmosfera aberta de 4q10 ppm.

> Entre os diferentes genótipos de amendoim, a atividade mais elevada de desidrogenase, fosfatase alcalina, urease e carbono da biomassa microbiana foi registada em TG 86, Mallika, TG 84 e TG 82 aos 30 e 60 DAS. A atividade enzimática mais baixa de todas as enzimas em estudo foi observada no solo rizosférico de Gangapuri.

Microflora do solo (Bactérias, Fungos e Actinomicetos)

> A população de bactérias, fungos e actinomicetos não diferiu significativamente entre os

diferentes genótipos de amendoim, mas os tratamentos de enriquecimento com CO2 afectaram significativamente a sua população no solo rizosférico do amendoim aos 30 e 60 DAS.

> A maior população de bactérias, fungos e actinomicetos no solo rizosférico do amendoim foi observada em câmaras com concentração elevada de CO2 de 500 ppm, seguida pela concentração de CO2 de 450 ppm, tanto aos 30 como aos 60 DAS. No entanto, a menor população de microflora foi observada em condições de atmosfera aberta.

> Da mesma forma, entre os diferentes genótipos de amendoim, a população significativamente mais alta de bactérias, fungos e actinomicetos no solo rizosférico do amendoim foi observada em TG 86, que estava a par com TG 84, TG 82 e Mallika aos 30 e 60 DAS, respetivamente. No entanto, a população mais baixa de microflora no solo rizosférico do amendoim foi observada em Gangapuri.

CONCLUSÃO

O estudo revelou que, entre os genótipos de amendoim, foi observada uma resposta diferencial num cenário climático instável. Todos os genótipos de amendoim apresentaram uma variação significativa no que respeita aos aspectos de crescimento, rendimento e qualidade em condições de CO2 elevado e o TG 86 teve um bom desempenho em comparação com o TG 84 e o Mallika. No entanto, o CO2 elevado conduziu a uma melhor rentabilidade, aumentou o crescimento e o desenvolvimento de todos os genótipos, bem como melhorou as actividades enzimáticas e aumentou a população de microflora no solo rizosférico do amendoim, mas a qualidade, como as proteínas e os ácidos gordos como o oleico e o linoleico, foi comprometida e afetada negativamente. Por conseguinte, a combinação de genótipos de amendoim TG86 e condições de CO2 elevado proporcionou o maior crescimento, rendimento e aspectos de qualidade.

BIBLIOGRAFIA

Ackerson, R.C., Havelka, U.D. e Boyle, M.G. (1984). Efeitos do enriquecimento de CO2 na fisiologia da soja. II. Efeitos da exposição ao CO2 numa fase específica. *Crop Sci.* 24:1150-1154.

Adak,T., Munda, S., Kumar,U., Berliner,J., Pokhare,S.S., Jambhulkar,N.N., Jena,M., (2016). Efeito do CO2 elevado na degradação do clorpirifos e nas atividades microbianas do solo no solo de arroz tropical. *Environ Monit Assess* 5(6):188-105.

Aien, A., Pal, M., Khetarpal,S., Pandey, S.K.(2014). Impacto da concentração elevada de CO2 atmosférico no crescimento e rendimento em duas cultivares de batata. *J. Agr. Sci. Tech.* 16: 1661-1670.

Ainsworth, E. A., Leakey, A. D. B., Ort, D. R., e Long, S. P. (2008). FACE- in the facts: inconsistencies and interdependence among field, chamber and modeling studies of elevated [CO2] impacts on crop yield and food supply. *New Phytol.* 179(8): 5-9.

Ainsworth, E. A., Rogers, A., Blum, H., Nosberger, J., e Long, S. P. (2003). Variação na aclimatação da fotossíntese em (*Trifolium repens)* após oito anos de exposição ao enriquecimento de CO2 ao ar livre (FACE). *J. Exp. Bot.* 54(8):2769-2774.

Ainsworth, E.A., Long, S.P., (2005). What have we learned from 15 years of free-air CO2 enrichment (FACE) A meta-analytic review of the responses of photosynthesis, canopy. *New Phycologist* 165: 351-371.

Ainsworth, E.A., Rogers, A., Nelson, R., Long, S.P., (2004). Testando a hipótese "source- sink" de regulação negativa da fotossíntese em CO2 elevado no campo com substituições de genes únicos em Glycine max. *Agricultural and Forest Meteorology* 122: 85-94.

Allen, L.H., Bisbal, E.C., Boote, K.J., Jones, P.H. (1991). Soybean dry matter allocation under sub ambient and super ambient levels of carbon dioxide. *Agronomy Journal* 83: 875-883.

Andrew,C., Lilleskov, E.A., (2009). Produtividade e estrutura da comunidade de esporocarpos de fungos ectomicorrízicos sob aumento de CO2 e O3 atmosféricos. *Ecology Letters,* 12: 813-822.

Anjali, M.C., Dhananjaya, B.C. (2019). Efeito das mudanças climáticas nas propriedades químicas e biológicas do soloUma revisão. *Int. J. Curr. Microbiol. App. Sci.* 8(02): 1502-1512.

Aranjuelo, I., Irigoyen, J.J., Sánchez-Díaz, M. (2007). Efeito da temperatura elevada e da disponibilidade de água na troca de CO2 e na fixação de azoto em plantas de alfafa noduladas. *Botânica Ambiental e Experimental.* 59: 99-108.

Baker JT. (2004). Respostas de rendimento de cultivares de arroz do sul dos EUA ao CO2 e à temperatura. Agricultural and Forest Meteorology 122(6):129-137.

Baker, J.T., Allen, L.H., Jr, Boote KJ, Jones P.H. (1989). Resposta da soja à temperatura do ar e à concentração de dióxido de carbono. *Crop Sci* 29(02): 98-105.

Baker, J.T., Allen, L.H.J., Boote, K.J., Pickering, N.B. (2003). Efeitos diretos da concentração de dióxido de carbono atmosférico na respiração no escuro de toda a copa do arroz. *Global Change Biology* 6: 275-286.

Bannayan,M., Tojo Soler,C.M., Garcia,Y., Garcia,A., Guerra,L.C., Hoogenboom,G. (2008). Efeitos interactivos do [CO2] elevado e da temperatura no crescimento e desenvolvimento de uma cultivar de amendoim de curta e longa duração, *Climatic Change* 93:389-406.

Bates, P. D., Stymne, S., Ohlrogge, J. (2013). Vias bioquímicas na síntese de óleo de sementes. *Curr. Opin. Plant Biol.* 16:358-364.

Bellaloui, Nacer. Hu, Yanbo, Mengistu, Alemu, Abbas, Hamed K., Kassem, My Abdelmajid, Tigabu, Mulualem (2016). O dióxido de carbono atmosférico elevado e a temperatura afetam a composição das sementes, a nutrição mineral e a dinâmica de 15N e 13C em genótipos de soja em ambientes controlados. Atlas Journal of Plant Biology 22:56-65.

Bertrand, A., Prevost, D., Bigras, F. J., Lalande, R., Tremblay, G. F., Castonguay, Y.,(2007). A resposta da alfafa ao CO2 atmosférico elevado varia com a estirpe rizobial simbiótica. *Plant Soil* 301:173187.

Bharath, R., Yamane, S., Inomata, H., Adschiri, T. e Arai, K., (1992). Estudo de equilíbrio de fases para a separação e fracionamento de componentes de óleos gordos utilizando dióxido de carbono supercrítico. *Fluid Phase Equilibria* 81: 307-320.

Bharath, R., Yamane, S., Inomata, H., Adschiri, T. e Arai, K., (1993). Equilíbrio de fases de sistemas binários supercríticos de CO2-componentes de óleos gordos. *Fluid Phase Equilibria* 83:183-190

Bhattacharyya, Roy,K.S., Neogi,S., Manna,M.C., Adhya,T.K., Rao,K.S. e Nayak, A.K., (2013). Influência do dióxido de carbono elevado e da temperatura na alocação de carbono abaixo do solo e atividades enzimáticas em solo tropical inundado plantado com arroz. *Environ monit assess*.185: 8659-8671.

Bishop KA, Leakey A.D.B e Ainsworth E.A. (2014). Como a temperatura sazonal ou as entradas de água afetam a resposta relativa da cultura C3 ao elevado (CO_2): uma análise global da câmara superior aberta e estudos de enriquecimento de CO_2 ao ar livre. *Segurança alimentar e energética* 3(1):33-45.

Blagodatskaya, E., Blagodatsky, S., Dorodnikov, M., Kuzyakov, Y. (2010). o CO_2 atmosférico elevado aumenta as taxas de crescimento microbiano no solo: resultados de três experiências de enriquecimento de CO_2. *Global Change Biology*.16:836-848.

Bokhari, S.A., Wan,X.Y., Yang,Y.W., Zhou,L., Tang, W.L., e Liu, J.Y.(2007). Resposta proteómica das folhas de plântulas de arroz a níveis elevados de CO_2. *J. Proteome Res*. 6:4624-4633.

Boote, K.J., Jones J.W. e Singh, P. (1992). Modelação do crescimento e rendimento do amendoim, In: *Groundnut-A global perspective*, 12:331-343.

Boote, K.J., Jones,J.W. Mishoe,J.W. e Wilkerson, G.G. (1986). Modelação do crescimento e rendimento do amendoim, In: *Agro meteorologia do amendoim*, 12: 243-254.

Bouyoucos, G.J. (1936). Direcções para fazer análises mecânicas de solos pelo método do hidrómetro. *Ciência do Solo*, 42, 225-230.

Broberg, M.C., Högy,P., Feng,Z., Pleijel,H.(2019). Efeitos do CO_2 elevado no rendimento do trigo: Resposta não linear e relação com a produtividade do local. Journal/plants, 9: 243-250.

Bunce, J.A. (2017). Variação nas respostas de rendimento ao CO_2 elevado e um breve tratamento de alta temperatura em quinoa, jornal / plantas, 6: 26-40.

Bunt, J.S. e Rovira, A.D., (1955). Estudo microbiológico de solos sub. Solo antártico. *J, soil sci.,* 6: 119-128.

Butterly, C. R., Armstrong, R., Chen, D., e Tang, C. (2016). O enriquecimento de CO_2 com ar livre (FACE) reduz o efeito inibitório do nitrato do solo na fixação de N2 de *Pisum sativum. Ann. Bot.,* 117:177-185.

Canvin,D.T. (2011). O efeito da temperatura sobre o teor de óleo e a composição de ácidos gordos dos óleos de várias culturas de sementes oleaginosas. *Jornal Canadiano de Botânica,* 43 (1):63-69.

Cardon, Z.G., Hungate,B.A., Cambardella,C.A., Chapi, F.S., Field,C.B., Holland,E.A., Mooney ,H.A. (2000). Contrasting effects of elevated CO_2 on old and new soil carbon pools *Soil Biology & Biochemistry,* 33: 365-373.

Carter, M.R., (1991). A influência da lavoura na proporção de carbono orgânico e azoto na biomassa microbiana de solos de textura média num clima húmido. Bio. Fert. Soil, 11: 135-139.

Casida, L. E., Klein, D. A. e Santoro, T. (1964). Soil dehydrogenase activity. Ciência do Solo, 98:371-376.

Chakraborty, K., Uprety, D.C., Bhaduri, D.(2015). Crescimento, Fisiologia e Respostas Bioquímicas de Duas Espécies Diferentes de Brassica ao CO_2 Elevado Actas da Academia Nacional de Ciências, Índia - Secção B: Ciências Biológicas78:108-120.

Chakraborty, K., Uprety, D.C. (2012). o CO_2 elevado altera a composição e a qualidade das sementes em brássicas. Indian J. Plant Physiol. 17: 84-87.

Chatti,D., RV,M., (2018). Parâmetros de crescimento que contribuem para o aumento das respostas de tolerância à seca no tomate (Solanum lycopersicum L.) sob dióxido de carbono elevado Journal of Pharmacognosy and Phytochemistry, 7 (2): 833-837.

Chen, C. C., Chang, C. e Yang, P., (2000). Equilíbrio vapor-líquido de dióxido de carbono com ácido linoleico, tocoferol e trioleína a pressões elevadas. Fluid Phase Equilibria, 55:175- 107.

Chen, J.J. e J.M. Sung. (1990). Taxa de troca de gás e respostas de rendimento do amendoim do tipo Virginia ao enriquecimento de dióxido de carbono. *Crop Sci,* 30:1085- 1088.

Cheng, L., Booker, F.L., Burkey, K.O., Tu, C., Shew, H.D., Rufty,T.W., Fiscus,E.L., Deforest,J.L., Hu,S., (2011). Respostas Microbianas do Solo ao CO_2 e O3 Elevados num Agroecossistema de Nitrogénio. *PLoS ONE ,* 6 :(6) 21377.

Chowdhury, R. S., Karim, M. A., Haque, M. M., Hamid, A., & Hidaka, T. (2005). Efeitos do aumento do nível de CO_2 na fotossíntese, no teor de azoto e na produtividade do feijão-mungo. (*Vigna radiata* L. WILCZEK). *Estudos do Pacífico Sul*, 25: (2) 97-103.

Chung,H., Zak ,D.R., Lilleskov,E.A., (2006). Composição e metabolismo da comunidade fúngica sob elevadas concentrações de CO_2 e o3. *Ecologia das alterações globais, Oecologia* 147: 143-154.

Clifford, S.C., Stronach I.M. Mohamed, A.D., Azam-Ali, S.N. e Crout, N.M.J. (1993). The effects of elevated atmospheric carbon dioxide and water stress on light interception, dry matter production and yield in stands of groundnut (*Arachis hypogaea* L.). *J. Expt. Bot.* 44:1763- 1770.

Cong,T., Booker,F.L., Burkey,K.O., Hu,S., (2009). Dióxido de Carbono Atmosférico Elevado e O3 Alteram Diferencialmente a Aquisição de Nitrogénio no Amendoim. *Crop science* 49:1827-1836.

Das, P.C. (1997). Oilseeds Crops of India. Kalyani Publishers, Ludhiana Índia 42:80-83.

Das,S., Bhattacharyya,P., Adhya,T.K. (2011). Efeitos de interação de CO_2 elevado e temperatura na biomassa microbiana e actividades enzimáticas em solos de arroz tropical. *Environ Monit Assess* 182:555-569.

Davidson,A.M., Silva,D.D.,. Saa,S., Mann,P., DeJong,T.M., (2016). A influência do CO_2 elevado na fotossíntese, status de carboidratos e plastocrono de árvores jovens de pêssego (*Prunuspersica*). *Hortic. Environ. Biotechnol.* 57(4):364-370.

Degraaff, M.A., Groenigen, K.J.V., Six,J., Hungate, B., Kessel, C, V., (2006). Interações entre o crescimento das plantas e o ciclo de nutrientes do solo sob CO_2 elevado - uma meta-análise. *Global Change Biology,* 12: 2077-2091.

Deng ,Q., Zhou, G., Liu,J., Liu, S., Duan, H., Zhang, D. (2010). Respostas da respiração do solo ao dióxido de carbono elevado e à adição de azoto em ecossistemas florestais subtropicais jovens na China. *Bio geo sciences,* 7: 315-328.

Desai, B.B., Kotecha, P.M. e Salunkhe, D.K. (1999). Science and technology of groundnut, biology, production, processing and utilization (Ciência e tecnologia do amendoim, biologia, produção, transformação e utilização). Publicação Naya Prakash, Nova Deli, Índia, 45: (5) 185-199.

Dey, S.K., Chakrabarti, B., Prasanna, R., Mittal, R., Singh, S.D., Pathak,H. (2016). Crescimento e partição de biomassa em mungbean com dióxido de carbono elevado, níveis de fósforo e inoculação de cianobactérias, Journal of Agro metrology, 18(1): 7-12.

Dier,M., Sickora,J., Erbs,M., Weigel,H.J., Zörb,C., Manderscheid,R.,(2019). Efeitos positivos do enriquecimento de CO_2 ao ar livre na remobilização de N e na absorção de N pós-antese no trigo de inverno. Pesquisa de culturas de campo 234: 107-118.

Dietterich,L.H., Zanobetti, A., Kloog,I., Huybers,P., Leakey, A.D.B., Bloom,A.J., Carlisle,E., Fernando,N., Fitzgerald, G., Hasegawa, T., Holbrook, N.M., Nelson,R.L., Norton, R., Ottman,M.J., Raboy, V., Sakai, H., Sartor,K.A., Schwartz,J., Seneweera,S., Usui, Y., Yoshinaga, S., e Myers,S.S. (2015). Impactos do CO_2 atmosférico elevado no conteúdo de nutrientes de importantes culturas alimentares. Dados científicos.19 (8): 120-130.

Dong,J., Gruda ,N., Lam, s.k., Li,X., Duan,Z. (2018). Efeitos do CO_2 elevado na qualidade nutricional dos vegetais. Front. Ciência das Plantas, 9:924-940.

Donnelly,A., Craigon,J., Black,C.R., Colls,J.J., Landon,G., (2000). o CO_2 elevado aumenta a biomassa e a produção de tubérculos na batata, mesmo com concentrações elevadas de ozono. New Phytologist 149: 265-274.

Drake, B. G., Gonzàlez-Meler, M. A., e Long, S. P. (1996). Plantas mais eficientes: uma consequência do aumento do CO_2 atmosférico? Annu. Rev. Plant Physiol. Plant Mol. Biol. 48:609-639.

Drake, B.G., A, Miquel. Meler, G., Long, S.P., (1997). Plantas mais eficientes: A Consequence of Rising Atmospheric CO_2. Annu. Rev. Plant Physiol. Plant Mol. Biol. 48:609-39.

Drigo, B., Kowalchuk, G. A., Van- Veen, J. A. (2008). Climate change goes underground: effects of elevated atmospheric CO_2 on microbial community structure and activities in the rhizosphere. Biol. Fertil. Soils 44:667-679.

Dwivedi, S.K. Kumar,S., Kumar,R., Prakash,V., Rao,K.K. Samal,S.K. Yadav,S. Jaiswal, K.K. Kumar, S.S. Sharma, B.K. Mishra, J.S. (2017). Efeito interativo do CO_2 elevado e da temperatura na incidência de mancha marrom e ferrugem da bainha do arroz (Oryza sativa L.) Int. J. Curr. Microbiol. App. Sci 6 (4): 195202.

Dwivedi,N., Jain,V., Maini,H.K., Sujatha,K.B., Singh,K., Shukla,S., Baig,M.J., Swain,P., Bagchi,T.P., Sharma,S.G., (2014). Efeitos do CO_2 elevado e da variação da temperatura atmosférica em duas cultivares de arroz contrastantes. Revista global de biologia, agricultura e ciências da saúde.3 (2): 62-68.

Ebersberger, D., Niklaus, P., Kandeler, E. (2003).O dióxido de carbono elevado estimula a mineralização do N e as actividades enzimáticas numa pastagem calcária. Soil Biology & Biochemistry, 35: 965-972.

Emmerling, C., Liebner, C., Haubold-Rosar, M., Katzur, J., Schroder, D. (2000). Impacto da aplicação de resíduos orgânicos nas actividades microbianas e enzimáticas de solos de minas na região mineira de carvão da Lusácia. Plant Soil, 220:129-138.

Erice, G., Irigoyen, J.J., Perez, P., Carrasco, R.M., Diaz, M.S. (2005). Efeito do CO_2 elevado, da temperatura e da seca na partição da matéria seca e na fotossíntese antes e depois do corte da alfafa nodulada. Ciência das Plantas, 170:1059-1067.

Ewajach, M., Ceulemans, R. (1999). Efeitos do CO_2 atmosférico elevado na fenologia, crescimento e estrutura da copa das plântulas de pinheiro silvestre (Pinus sylvestris) após dois anos de exposição no campo. Tree Physiology, 19: 289-300.

Fangmeier, A., Temmerman, L., Black, C., Persson, K., Vorne, V. (2002). Efeitos do CO_2 elevado e/ou ozono nas concentrações de nutrientes e na absorção de nutrientes pelas batatas. Eur. J. *Agron,* 17:353-368.

Feng,R., Yang,W., Zhang,J., Deng,R., Jilan,Y.e Lin.J. (2007). Efeitos da concentração elevada simulada de CO_2 atmosférico e da temperatura na atividade enzimática do solo na floresta subalpina de abetos. Ata Ecol, 27: 4019-4026.

Fierro, A., Gosselin, A., e Tremblay, N. (1994). O dióxido de carbono suplementar e a luz melhoraram o crescimento e o rendimento das plântulas de tomate e pimento. Ciência Hort, 29:152-154

Fisher, R.A. e Yates, F. (1963). Statistical Tables. Oliver and Boyd, Edimburgo, Londres.

Fujimura, S., Shi, P., Iwama, K., Zhang, X., Gopal, J., Jitsuyama, Y,.(2012). Efeitos do aumento de CO_2 no crescimento e rendimento do trigo sob diferentes pressões atmosféricas e sua interação com a temperatura. Ciência da Produção Vegetal, 15(2): 118-124.

Fujimura,S., Shi,P., Iwama,K., Zhang,X., Gopal,J., Jitsuyama,Y., (2010). Effect of Altitude on the Response of Net Photosynthetic Rate to Carbon Dioxide Increase by Spring Wheat (Efeito da Altitude na Resposta da Taxa Fotossintética Líquida ao Aumento do Dióxido de Carbono pelo Trigo de primavera). Ciência da Produção Vegetal, 13(2): 141-149.

Gangurde,S.S., Kumar,R., Pandey,A.K., Burow,M., Laza,H.E., Nayak,S.N., Guo,B., Liao,B., Bhat,R.S., Madhuri,N., Hemalatha,S., Sudini, H.K., Janila,P., Latha,P., Khan,H., Motagi, B.N., Radhakrishnan,T., Puppala,N., Varshney, R.K., Pandey,M.K. (2019). Amendoim inteligente para o clima para alcançar alta produtividade e melhor qualidade: Estado atual, desafios e oportunidades.12 (4): 144-156.

Gao, J., Xue,H., Seneweera,S., Ping, L., Zheng, Z.Y., Qi, D., Erda, L., Xing-yu, H (2015). Fotossíntese foliar e componentes de rendimento do feijão mungo sob ar totalmente aberto elevado [CO_2] Jornal de Agricultura Integrativa, 14 (5): 977-983.

Gebregergis,Z. (2016). Efeito do dióxido de carbono elevado, CO_2 e temperatura na produção agrícola. Jornal de Investigação em Ciências Naturais, 6: 12-20.

Gifford, R. M., Barrett, D. J., Lutze, J. L. (2000). The effects of elevated CO_2 on the C: N and C: P mass ratios of plant tissues. Plant Soil, 224:1-14.

Goyal, S., Chander, K. Mundra, M. Kapoor, K. (1999). Influência de fertilizantes inorgânicos e aditivos orgânicos na matéria orgânica e nas propriedades microbianas do solo em condições tropicais. Biol. Fertil. Soils, 29(2): 196-200.

Guenet,B., Lenhart,K., Leloup,J., Miller,G.S., Pouteau,V., Mora,P., Nunan,N. e Abbadie,L., (2012). O impacto do enriquecimento de CO_2 a longo prazo e dos níveis de humidade na estrutura da comunidade microbiana do solo e nas actividades enzimáticas. Geoderma, 170: 331-336.

Haase S Neumann G Kania A Kuzyakov Y Romheld V Kandeler E. (2007). A elevação do CO_2 atmosférico e o estado nutricional de N modificam a nodulação, o fornecimento de carbono aos nódulos e a exsudação radicular de Phaseolus vulgaris L. Soil Biology & Biochemistry, 39: 2208-2221.

Hampton, J.G., Boelt, B., Rolston, M.P., e Chastain, T.G. (2013). Efeitos do CO_2 elevado e da temperatura na qualidade das sementes, *Journal of Agricultural Science,* 151: 154-162.

Hao, X. Y., Gao, J., Han, X., Ma, Z. Y., Merchant, A., Ju, H. (2014). Efeitos da concentração atmosférica elevada de CO_2 ao ar livre na qualidade do rendimento da soja (*Glycine max* (L.) Merr). *Agric. Ecosyst. Environ.* 192:80-84.

Haque ,Md,S., Karim, Md,A., Haque ,Md,M., Hamida,A., Nawata,E. (2005). Efeito da concentração elevada de CO_2 no crescimento, teor de clorofila e rendimento dos genótipos de feijão-mungo (Vigna radiata L. Wilczek). *Jpn. Jpn. Trop. Agr.* 49(3):189 -196.

Haque,M.M., Hamid,A., Khanam,M., Biswas,D.K., Karim,M.A., Khaliq,Q.A., Hossain,M.A., Uprety,D.C. (2006) .The effect of elevated CO_2 concentration on leaf chlorophyll and nitrogen contents in rice during postflowering phases. *Biologia plantarum*, 50 (1): 69-73.

Hardy, R.W.F. e Havelka, U.D. (1977). Possible routes to increase the conversion of solar energy to food and feed by grain legumes and cereal grains (crop production). Fixação de CO_2 e N2, fertilização foliar e partição de assimilados, *Conversões biológicas de energia solar.* 5: 299-322.

Heinemann A.B., Neto D., Ingram K.T., & Hoogenboom G. (2006). Crescimento e desenvolvimento da soja Resposta ao enriquecimento de CO_2 em diferentes regimes de temperatura. *Eur. J. Agron,* 24: 52-61.

Henry, H.A.L., Juarez, J.D., Field, C.B., Vitousek, P.M. (2005). Efeitos interactivos do CO2 elevado, da deposição de N e das alterações climáticas na atividade enzimática extracelular e no fracionamento da densidade do solo numa pradaria anual da Califórnia. Global Change Biology 11(7): 1-8.

Hikosaka,K., Kinugasa, T., Oikawa,S., Onoda, Y., Hirose,T. (2011). Efeitos da concentração elevada de CO_2 na produção de sementes em plantas C3annual. *Journal of Experimental Botany* 62 (4): 1523-1530.

Högy, P., Franzaring, J., Schwadorf, K., Breuer, J., Schuetze, W., Fangmeier, A. (2010). Effects of free air CO_2

enrichment on energy traits and seed quality of oilseed rape. *Agric. Ecosyst. Environ.* 139:239-244.

Hogy, P., Wieser, H., Kohler, P., Schwadorf, K., Breuer, J., e Franzaring, J. (2009). Efeitos do CO_2 elevado no rendimento e na qualidade do grão de trigo: Resultados de uma experiência de 3 anos de enriquecimento de CO_2 ao ar livre. *Biologia Vegetal.*11:60-69.

Holmes,W.E., Zak, D.R., Pregitzer,K.S., King,J.S. (2006). Elevated CO_2 and O3 Alter Soil Nitrogen Transformations beneath Trembling Aspen, Paper Birch, and Sugar Maple. *Ecosystems* 9: 1354-1363.

Huang,B., Xu,Y., (2015). Mecanismos celulares e moleculares para regulação elevada de CO_2 do crescimento da planta e adaptação ao estresse. *Ciência das culturas* 55:1-20.

Izquierdo, N.G., Aguirrezábal, L.A.N., Andrade, F.H., Geroudet, C., Valentinuz O., Pereyra- Iraola, M. (2009). A radiação solar interceptada afecta a composição de ácidos gordos do óleo em espécies cultivadas. *Field Crop. Res114*:66-74.

Jablonski, L.M., Wang, X., Curtis, P.S. (2002). Reprodução de plantas em condições elevadas de CO_2: uma meta-análise de relatórios sobre 79 espécies cultivadas e selvagens. *New Phycologist* 156: 9-26.

Jablonski, L.M., Wang, X., Curtis, P.S. (2002). Reprodução de plantas em condições elevadas de CO_2: A MetaAnalysis of Reports on 79 Crop and Wild Species, *the New Phytologist* 156(1): 9-26.

Jackson, M. L. (1973). Soil chemical analysis prentice hall of India Pvt. Ltd. Nova Deli.

Jain,V., Pal,M., Raj ,A., e Khetarpal ,S. (2007). Photosynthesis and nutrient composition of spinach and fenugreek grown under elevated carbon dioxide concentration 35(7):124-128.

Jakobsen,I., Smith, S.E., Smith,W.W., Watts-Williams, F.A., Clausen, S.J., Sandbech, S., Mette, G. (2016). As respostas de crescimento das plantas ao CO_2 atmosférico elevado são aumentadas pela suficiência de fósforo, mas não por micorrizas arbusculares. Journal of Experimental Botany, 67 (21): 6173-6186.

James, J., Li, Y., Liu, X., Wang, G., Tang, C., Yu, Z., Wang, X., Herbert, S.J. (2017).o CO_2 elevado altera a distribuição da área foliar nodal e aumenta a absorção de nitrogênio, contribuindo para o aumento da produtividade de cultivares de soja cultivadas em Mollisols. PLoS ONE 12(5): 0176688.

Javoor, S., Shanwad, U.K., Umesh, M.R., Kenganal, M., Halepyti, A.S., Shankergoud, I. (2018). Impacto das alterações climáticas na qualidade nutricional dos genótipos de milho e amendoim, J. Farm Sci., 31(3): (271274).

Jeffrey, S.W. e Humphrey, G.F. (1975). New spectrophotometric equations for determining chlorophyll a, b, C1, C2 in higher plants, algae and natural phytoplankton. Biochemistry and physiology. 167: 191-194.

Jeong,H.M., Kim,H.R., Hong,S., You,Y.H.(2018). Efeitos da concentração elevada de CO_2 e aumento da temperatura nas respostas de qualidade das folhas de plantas raras e ameaçadas de extinção. Jornal de Ecologia e Meio Ambiente 42:1-9

Ji,G., Xue,H., Seneweera,S., Ping,L., zheng,Z,Y., Qi,D., Er-da,L., Xing-yu,H. (2015). Fotossíntese foliar e componentes de rendimento do feijão mungo sob CO_2 elevado totalmente ao ar livre, Journal of Integrative *Agriculture, 14 (5)* 977-983.

Jin, J.,Tang., Sale,P. (2015).O impacto do dióxido de carbono elevado na nutrição de fósforo das plantas. Anais de Botânica, 10: 1-13.

Joseph, C.V. Vu., (2005). Aclimatação da fotossíntese das folhas de amendoim (Arachis hypogaea L.) ao crescimento elevado de CO_2 e temperatura. Botânica Ambiental e Experimental 53: 85-95.

Kandeler, E., Arvin,M.R., Jack,A.M., Daniel, G.M., Jennifer, Y.K., Sabine, R. e Dagmar,T., (2006). Resposta da biomassa microbiana do solo e das actividades enzimáticas à elevação transitória do dióxido de carbono numa pastagem semi-árida. Soil bio and biochem. 38: 2448-2460.

Kanerva,T., Palojarvi,A., Ramo,K., Ojanpera,K., Esala,M., Manninen,S. (2006). Uma exposição de 3 anos a CO_2 e O3 induziu pequenas alterações no ciclo de N do solo num ecossistema de prado. Plant Soil 286:61-73.

Kang, H., Freeman, C., Ashenden, T.W. (2001). Effects of elevated CO_2 on fen peat biogeochemistry. A Ciência do Ambiente Total 279:45-50

Kang,H., kim,S.Y., fenner,N. and freeman.C. (2005). shifts of soil enzymes activities in wetlands exposed to elevated CO_2. Environ sci 337(8):207-212.

Kannann, C., Grunhage,L., Gruters,U. (2005). Resposta da biomassa dos prados e da humidade do solo a um enriquecimento moderado de CO_2 a longo prazo. Ecologia Básica e Aplicada 6(4):351-365.

Karthishwaran, K., Senthilkumar,A., Alzayadneh,W.A., Alyafei, M.A.M., (2020). Efeitos da concentração de CO_2 e da radiação UV-B na tamareira (Phoenix dactylifera) cultivada em câmaras de topo aberto. Emirates Journal of Food and Agriculture. 32(1): 73-81.

Kasurinen, Keinanen,M.M., Kaioainen,S., Nilsson,L.O., Vapaavuori,E., Kontro,M.H., Holopainen,T. (2005). Respostas abaixo do solo de bétulas prateadas expostas a níveis elevados de CO_2 e O3 durante três estações de crescimento. *Biologia das Alterações Globais 11:* 1167-1179

Kasurinen,A., Peltonen,P.A., Tiitto,R.J., Vapaavuori,E., Nuutinen,V., Holopainen,T., Holopainen,J.K. (2007). Effects of elevated CO_2 and O3 on leaf litter phenolics and subsequent performance of litter-feeding soil macrofauna. *Plant Soil* 292:25-43.

Kelley, A.M., Fay, P.A., Polleyolley ,H.W., Gill ,R.A., Jackson,R.B. (2011). CO_2 atmosférico e atividade enzimática extracelular do solo: uma meta-análise e uma experiência de gradiente de CO_2. *Ecosphere* 2(8): 96-101.

Khan,I., Azam,A., Mahmood,A. (2013). O impacto do aumento do dióxido de carbono atmosférico no rendimento, composição proximal, concentração elementar, ácido graxo e conteúdo de vitamina C do tomate (*Lycopersicon esculentum*). *Environ Monit Assess* 185:205-214.

Kim, H. R., & You, Y. H. (2010). Efeitos da concentração elevada de CO_2 e do aumento da temperatura nas respostas fisiológicas relacionadas com as folhas de Phytolaccainsularis (espécie nativa) e Phytolaccaamericana (espécie invasora). *Revista de Ecologia e Meio Ambiente* 33:195-204.

Kimball B.A., Kobayashi, K, e Bindi, M. (2002). Respostas de culturas agrícolas ao enriquecimento de CO_2 ao ar livre .*Ads. Agron.*77:293-368.

Kumar, M., Swarup, A., patra, A.K., Chandrakala, J.U., e Manjaiah, K.M. (2012). Efeito do CO2 elevado e da temperatura na eficiência do fósforo do trigo cultivado em um inceptisol da Índia subtropical, *planta solo ambiente.* 58 (5): 230-235.

Kumari, M., Verma, S.C., Bhardwaj, S.K. (2019). Efeito do CO_2 elevado e da temperatura no crescimento e nos parâmetros que contribuem para o rendimento da cultura da ervilha (*Pisum sativum* L.). *Jornal de agro metrologia* 21 (1): 7- 11.

Kumari,M., Verma,S.C., Bhardwaj,S.K., Thakur,A.K., Gupta,R.K., Sharma,R. (2016). Efeito do CO2 elevado e da temperatura nos parâmetros de crescimento da cultura da ervilha *(Pisum sativum L.)*, *Journal of Applied and Natural Science* 8 (4): 1941-1946.

Lam, S. K., Hao, X. Y., Lin, E. D., Han, X., Norton, R., Mosier, A. R., et al. (2012). Efeito do dióxido de carbono elevado no crescimento e na fixação de nitrogênio de duas cultivares de soja no norte da China. *Biol. Fert. Soils* 48:603-606.

Lam,S.K., Chen,D., Norton,R., Armstrong,R. (2012). O fósforo estimula o efeito do elevado (CO_2) no crescimento e na fixação simbiótica de nitrogênio de leguminosas de grãos e pastagens. *Crop and PastureScience* 63 (1): 53-62.

Larsen, K. S., Andresen, L. C., Beier, C., Jonasson, S., Albert, K. R., Ambus, P., Andersen, K. S., Arndal, M. F., Carter, M. S., Christensen, S., Holmstrup, M., Ibrom, A., Kongstad, J., van der Linden, L., Maraldo, K., Michelsen, A., Mikkelsen, T. N., Pilegaard, K., Priemé, A., Ro- Poulsen, H., Schmidt, I. K., & Selsted, M. B. (2011). Redução da ciclagem de N em resposta a elevados níveis de
CO_2, aquecimento e seca numa charneca dinamarquesa: Síntese dos resultados do projeto CLIMAITE após dois anos de tratamentos. *Global Change Biology* 17(5): 1884-1899.

Larson, J.L., Zak,D.R., Sinsabaugh,R.L., (2002). Extracellular enzyme activity beneath temperate trees growing under elevated carbon dioxide and ozone. *Soil Sci. Soc. Am. J.* 66:1848-1856.

Lavanya C., Ashoka J, Sreenivasa AG, Sushila N e Beladhadi BV (2017) Efeito do dióxido de carbono elevado e da temperatura no crescimento, rendimento e parâmetros de qualidade da amoreira. Entomologia, ornitologia e herpetologia: Volume *de Pesquisa Atual* (6) - Edição 2 -

Leakey, Andrew D. B., Ainsworth, Elizabeth A., Bernacchi, Carl J., Rogers, Alistair. Long, Stephen P., Ort, Donald R. (2009) Elevated CO_2 effects on plant carbon, nitrogen, and water relations, *Journal of Experimental Botany,* 60(10): 2859-2876.

Lee, J.S., (2011) Efeito combinado de CO_2 e temperatura elevados no crescimento e fenologia de duas espécies anuais de ervas daninhas C3 e C_4. *Agricultura, Ecossistemas e Ambiente,* 140: 484-491.

Leon, H.A., e Prasad, P.V. (2004) Crop Responses to Elevated Carbon Dioxide Gainesville, Florida.
U.S.A. Encyclopedia of *Plant and Crop Science* 12:10.1081.

Li, J., Zhou, J., & Duan, Z. Q., (2007a) Efeitos da concentração elevada de CO_2 no crescimento e utilização de água de plântulas de tomate sob diferentes rácios de amónio/nitrato. *Journal of Environmental Sciences* 19: 1100-1107.

Li, J., Zhou, J., Duan, Z. Q., Du, C. W., & Wang, H. Y. (2007b) Effect of CO2enrichment on the growth and nutrient uptake of tomato seedlings. *Pedosphere* 17(3) 343-351.

Li, Y., Yu, Z., Jin, J., Zhang, Q., Wang, G., Liu, C., Wu, J., Wang, C e Liu, X. (2018) Impacto do CO_2 elevado na qualidade das sementes de soja nos estágios fresco comestível e maduro. *Front. Ciência das Plantas.* 9:1413.

Li, Y., Yu, Z., Liu, X., Mathesius, U., Wang, G., Tang, C., Wu, J., Liu, J., Zhang, S., Jin, J., (2017) o CO_2 elevado aumenta a fixação de nitrogênio na fase reprodutiva, contribuindo para várias respostas de rendimento de cultivares de soja. *Front. Ciência das Plantas.* 8:1546.

Lipson, D., Blair, M., Barron-Gafford G, Grieve, K., Murthy, R. (2006) Relationships Between Microbial Community Structure and Soil Processes Under Elevated Atmospheric Carbon Dioxide. Microbial Ecology 51:302-314.

Lipson, D.A., Wilson, R.F., Oechel, W.C. (2005) Effects of Elevated Atmospheric CO_2 on Soil Microbial Biomass, Activity, and Diversity in a Chaparral Ecosystem. *Applied and environmental microbiology* 12: 8573-8580.

Liu, S., Waqas, Ma. Wang, S-h., Xiong, X-y., Wan, Y-f. (2017) Efeitos do aumento dos níveis de CO_2 atmosférico e das altas temperaturas no crescimento e na qualidade do arroz. *PLoS ONE* 12(11): 324-378.

Long, S.P., Ainsworth, E.A., Rogers, A., e Or D.R. (2004) rising atmospheric carbon dioxide: plants FACE the Future. *Annu. Rev. Plant Biol.* 55: 591-628.

Loya, W.M., Pregitzer, K.S., Karberg, N.J., King, J.S., Giardina, C.P. (2003) Reduction of soil carbon formation by tropospheric ozone under increased carbon dioxide levels. *Nature* 58:425-435.

M, Sreenivasulu. T, Damodharam, (2015). Impacto do CO_2 elevado no crescimento e no teor de proteína solúvel total da folha em (Arachis Hypozeae L).Global Journal of Biology, Agricultural and Health Science (3): 108-112.

Madhu, M. e Hatfield, J.L. (2015) Dióxido de Carbono Elevado e Humidade do Solo na Resposta de Crescimento Precoce da Soja. Ciências Agrícolas 6:263-278.

Manderscheid, R., e Weigel H.J. (1997) Respostas fotossintéticas e de crescimento de cultivares antigas e modernas de trigo de primavera ao enriquecimento de CO_2 atmosférico. *Agric Ecosys Environ.* 64:65-73.

Manjula, O., Srimurali, M., Vanaja, M. (2018) Impacto do dióxido de carbono elevado em dois genótipos de amendoim (*Arachis hypogaea L.*) em instalações de câmara aberta. *Revista Internacional de Meio Ambiente, Agricultura e Biotecnologia* (IJEAB) 3(1): 92-98.

Manjula, O., Srimurali,M., Vanaja, M., Vagheera,P. (2017) fenologia e crescimento de dois genótipos de amendoim (*Arachis hypogea* L) em concentração elevada de CO_2 atmosférico. *Jornal Internacional de Engenharia Civil e Tecnologia* (IJCIET). 8:1088-1095.

Maria, O., Garcia, T.O., Mary, G., Kathleen, K. e Treseder (2008) Dinâmica micorrízica sob CO_2 elevado e fertilização com azoto numa floresta temperada quente. *J. Plant Soil* 303: 301-310.

Mauney, J.R., Kimball, B.A., e pinter, P.J. (1994) Growth and yield of cotton in response to a free Air carbon dioxide enrichment (FACE) *Environment Agriculture and forest meteorology* 70: 49-67.

Maurya,V.K., Gupta,S.K., Sharma,M., Majumder,B., Deeba,F., Pandey,N., Pandey,V. (2020) Respostas de crescimento, fisiológicas e proteômicas em variedades de trigo cultivadas em campo expostas a CO_2 elevado sob alto ozônio ambiente. *Fisiologia e Biologia Molecular de Plantas* 30:298-828.

Mayr.C. Miller,M., Insam,H. (1999) Elevated CO_2 alters community-level physiological profiles and enzyme activities in alpine grassland. *Journal of Microbiological Methods* 36:35-43.

Mbikayi, N.T., Hileman, D.R., Bhattacharya, N.C., Ghosh, P.P., Biswas, P.K. (1983) Effect of CO_2 enrichment on physiology and biomass production in cowpea (*Vigna unguiculata* L.) grown in open top chambers. *Plant Physiology*, 33: 640-645.

Medlyn, B.E., Badeck,F.W., Pury,D.E. Barton,D.G.G., Broadmeadow,M., Ceulemans,R., Angelis,D.E., Forstreuter, S.P., Jach,M., ,Kellomaki, M.E., Laitat, S., Marek, E., Philippot, M., Rey,S., Strassemeyer,A., Laitinen,J., Liozon,K., Portier, R., Roberntz, B., Wang,P., Jarvis, P.G. (1999) Effects of elevated [CO_2] on photosynthesis in European forest species: a meta-analysis of modelparameters. *Planta, Célula e Ambiente* 22: 1475-1495.

Megonigal, J.P., Kuske, C.R., (2011) As respostas das comunidades de fungos celulolíticos do solo ao CO_2 atmosférico elevado são complexas e variáveis em cinco ecossistemas. *Microbiologia Ambiental* 13 (10): 2778-2793.

Milton E. Pereira-Flores, Flavio Justino, Ursula M. Ruiz-Vera, Frode Stordal, Anderson A. Martins Melo, Rafael de Ávila Rodrigues (2016) Resposta dos componentes de rendimento da soja e alocação de matéria seca ao aumento da temperatura e concentração de CO_2. *Australian Journal of Crop Science* 10 (6):808-818.

Misra, J.B., Mathur, R.S. 1998 um procedimento simples e económico para a transmetilação de ácidos gordos do óleo de amendoim para análise por GLC. *Int Arachis Newsletter* 18:40-45.

MiyagiI, K.M., Kinugasa, T., Hikasaka, K., Hirose, T., (2007) Elevated CO_2 concentration, nitrogen use, and seed production in annual plants. *Global Change Biology* 13: 2161-2170.

Mohanty, M., Sinha, N.K., Hati, K.M., Sammi, R.K., Chaudhary, R.S. (2015) Efeitos da temperatura elevada e da concentração de dióxido de carbono na produtividade do trigo em Madhya Pradesh: um estudo de simulação. *Journal of agro metrology* 17 (2): 185-189.

Moscatelli, M.C., Lagomarsino, A., Angelis,P.D. e Grego, S. (2005) sazonalidade das propriedades biológicas do solo numa plantação de choupo que cresce sob CO_2 atmosférico elevado. *Appl. Soil Ecol* 30: 162- 173.

Moya, T.B., Ziska, L.H., Namuco, O.S. And Olszyk, D. (1998) Growth dynamics and genotypic variation in tropical, field grown paddy rice (*Oryza sativa* L.) in response to increasing carbon dioxide and temperature. *Global Change Biol.* 4:645-656.

Mukherjee, I., Das, S.K., Kumar, A. (2016) Degradação da flubendiamida como afetada pelo CO_2 elevado, temperatura e taxa de mineralização do carbono no solo. *Environ Sic Pollute Res.* 10:016-714.

Nasser,R.R., Fuller, M.P., Jellings, A.J. (2008) Effect of elevated CO_2 and nitrogen levels on lentil growth and nodulation. *Agronomia para o Desenvolvimento Sustentável* 28: 175-180.

Nie, M., Bell, C., Wallenstein, M.D. & Pendall, E. (2015) Aumento da produtividade das plantas e diminuição da perda de C respiratório microbiano por rizobactérias promotoras do crescimento de plantas sob CO_2 elevado. *Sci. Rep.* 5: 9212.

Noorhosseini,S.A., Soltani,A., Ajamnoroozi,H. (2017) Modelação do impacto das alterações climáticas na produção de amendoim com base no aumento da temperatura 2oc em condições ambientais futuras da província de guilan, Irão. *Revista Internacional de Gestão e Desenvolvimento Agrícola* (IJAMAD) 8(2): 257-273.

Nowak,R.S., Ellsworth, D.S., Smith, S.D. (2003) Functional responses of plants to elevated atmosphericCO2 - do photosynthetic and productivity data from FACE experiments support early predictions. *New Phytologist* 162: 253-280.

Olsen,S.R., Cole, C.V., Watnbe, F.S. e Dean, L.A. (1954). Estimativa do fósforo disponível no solo por extração com bicarbonato de sódio. *U.S.D.A. Cir. No.* 939.pp. 19.

Paajanen,R., Tiitto, R.J., Nybakken,L., Petrelius,M., Tegelberg,R., Pusenius,J., Rousi,M., Kellomaki,S. (2011) O salgueiro-de-folha-escura (*Salix myrsinifolia*) é resistente às alterações climáticas com três factores (CO_2 elevado, temperatura e radiação UV-B). *New Phytologist* 190: 161-168.

Pal,M., Chaturvedi,A.K., Pandey,S.K., Bahuguna,R.N., Khetarpal,S., Anand,A. (2014) O aumento do CO_2 atmosférico pode afetar a qualidade do óleo e o rendimento das sementes de girassol (*Helianthus annus* L.) *Ata Physiol Plant.* 0141651.

Peltoniemi,K., Laiho,R., Juottonen,H., Kiikkila ,O., Makiranta,P., Minkkinen,K., Pennanen,T., Penttila,T., Sarjala,T., Tuittila,E.S., Tuomivirta,T., Fritze,H. (2015) effects of temperature and moisture on microbial communities of two boreal fens. *Federação das Sociedades Europeias de Microbiologia* (*FEMS)* 91: 10.1093.

Pendal,E., Mosier,A.R., Morgan ,J.A. (2004) Rhizodeposition stimulated by elevated CO_2 in a semiarid grassland. *New* Phytologist 162: 447-458.

Pendall, E., Mosier, A.R., Morgan,J.A. (2004) Rhizodeposition stimulated by elevated CO_2 in a semiarid grassland. **New** *Phytologist 162:* 447-458.

Pérez-López, U., Miranda-Apodaca, J., Mena-Petite, A., Muñoz-Rueda, A. (2014) Respostas da dinâmica de nutrientes em plântulas de cevada à interação da salinidade e do enriquecimento de dióxido de carbono. *Environ. Exp. Bot. 99*:8699.

Pilumwong, J., Senthonga, C., Srichuwongb, S., e Ingram, K.T. (2007) Effects of temperature and elevated CO_2 on shoot and root growth of peanut (*Arachis hypogaea* L.) grown in controlled environment chambers. *Science Asia 33:* 79-87.

Pleijel, H., Gelang, J., Sild, E., Danielsson, AH. (2000) Effects of elevated carbon dioxide, ozone and water availability on spring wheat growth and yield. *Physiologia Plantarum* 108(*1*):61-70.

Poorter, H., e Navas, m. (2003) Plant growth and Competition at elevated CO_2: on winners, losers and functional groups, *new phytol. 157:* 175-198.

Prasad, P.V., Allen,V., L.H.,Jr. Boote, K.J. (2014) Respostas das culturas ao dióxido de carbono elevado e interação com a temperatura: Leguminosas de grão. *Jornal de Melhoramento de Culturas.*102-120.

Prasad, P.V.V., Boote, K.J., Allen, Jr., L.H., e Thomas, J.M.G. (2003) As temperaturas super-óptimas são prejudiciais para os processos reprodutivos e para o rendimento do amendoim (*Arachis hypogaea* L.) tanto à temperatura ambiente como com dióxido de carbono elevado. *Global Change Biology 9*:1775-1787.

Prasad, P.V.V., Kenneth, J.B., Allen J.R.H., Thomas, M.G.J. (2002) effects of elevated temperature and carbon dioxide on seed-set and yield of kidney bean (*phaseolus valgaris* L.). *Global change Biol 8*: 710-721.

Procter, A.C., Ellis, J.C., Fay, P.A., Polley, H.W., Jackson, R.B. (2014) Respostas da comunidade fúngica ao CO_2 atmosférico passado e futuro diferem por tipo de solo. *Microbiologia Aplicada e Ambiental* Vol *80*: 7364-7377.

Prusiner, S. (1973) Glutaminases of Escherichia coli: properties, regulation and evolution. As enzimas do metabolismo da glutamina. *Academic Press, Nova Iorque, NY. 10*:293-318.

Rai, P., Chaturvedi, A. K., Shah, D., e Pal, M. (2016) Impacto do CO_2 elevado nos efeitos induzidos por altas temperaturas no rendimento de grãos de grão-de-bico *(Cicer arietinum).Indian Journal of Agricultural Sciences* 86 (*3*): 414-7.

Raj, A., Chakrabarti, B., Pathak, H., Singh, S. D., Mina, U., e Mittal, R. (2016) Crescimento, componentes do rendimento e resposta do rendimento de grãos do arroz à temperatura e aos níveis de azoto. *Journal of Agro Meteorology* 18(*1*): 1-6.

Rakshit,R., Patra,A.K., Pal,P., Kumar,M. and Singh, R., (2012) Effect of elevated CO_2 and temperature on nitrogen dynamics and microbial activity during wheat (*triticum aestivuum* L.) growth on a subtropical inceptisol in India. *J. Argon. Crop Sci 198:* 452-465.

Rao M.S., Manimanjari,D., Vanaja., M, Rao, C.A., Rama., K, Srinivas., Vum, Rao. B. Venkateswarlu. (2012) Impacto do CO_2 elevado na lagarta do tabaco, Spodoptera litura, no amendoim (*Arachis hypogea*). *Jornal de Ciência dos Insectos 12*:103-110.

Rao, K.V. (1999) O efeito combinado de níveis elevados de CO_2 e temperatura nas caraterísticas de crescimento do amendoim (Arachis hypogaea L.). Indian J. Plant Physiol. 4:297-301.

Rao, N.K.S., Mamatha, H., Laxman, R.H., (2015) Efeito do CO_2 elevado no crescimento e rendimento de genótipos de feijão francês (Phaseolus vulgaris L.). Legume Research 38 (1): 72-76.

Rao, N., Sastry,K., Bramel,P.J. (2006) Effects of shell and low moisture content on peanut seed longevity, peanut plant science. 29:122-125.

Ratnakumar, P., Rajendrudu, G., Swamy e P.M. (2013) Respostas da fotossíntese e do crescimento do amendoim *(Arachis hypogaea* L.) à salinidade com CO_2 elevado *Plant Soil & Environ,* 59(9): 410-416.

Rawsthorne, S. (2002) Fluxo de carbono e síntese de ácidos gordos nas plantas. *Prog. Lipid Res.* 41:182-196.

Reardon, M.E., & Qaderi, M.M. (2017) Efeitos individuais e interactivos da temperatura, dióxido de carbono e ácido abscísico nas plantas de feijão mungo (Vignaradiata), *Journal of Plant Interactions* 12(1): 295-303.

Reich, B, R,, Hobbie, S.E., Lee, T., (2006) Nitrogen limitation constrains sustainability of ecosystem response to CO_2. *Nature Science* 440: 922-925.

Reich,P.B., Hobbie, S.E., Lee,T., Ellsworth,D.S., West,J.B., Tilman,D., Knops,J.M.H., Naeem, S., Trost,J. (2006) Nitrogen limitation constrains sustainability of ecosystem response to CO_2. *Nature Publishing Group* (440) 10:1038.

Robredo, A., Perez-Lopez,U., Apodaca, J.M., Lacuesta, M., Petite,A.M., Rueda, A.M., (2011) o $CO2$ elevado reduz o efeito da seca no metabolismo do azoto em plantas de cevada durante e após a recuperação. *Enviro and Experi Botany* 71: 399-408.

Rogers, A., Gibon, Y., Stitt, M., Morgen, P.B., Bernacchi, C.J., Ort,D.R., Long ,S.P., (2006) O aumento da disponibilidade de C numa concentração elevada de dióxido de carbono melhora a assimilação de N numa leguminosa. *Planta, Célula e Ambiente* 29:1651-1658.

Rosalin, B.P., Pasupalak,S., Baliarsingh,A. (2018) Efeito do dióxido de carbono elevado (eCO_2) no rendimento e nos componentes do rendimento de diferentes cultivares de arroz em Odisha. *Journal of Pharmacognosy and Phytochemistry* 7(1): 1398-1400.

Ross, D. J. (1970) Effects of storage on dehydrogenase activity of soils. *Soil Biology and Biochemistry* 2:55-61.

Ross, D. J., Tate, K. R., Cairns, A. e Meyrick, K. F. (1978) Influence of storage on soil microbial biomass estimated by three biochemical procedures. *Soil Biology & Biochemistry* 12:369-374.

Rotini, O.T. (1935) La transformazione enzimatica dell'urea nell terreno. *Ann. Labor. Ric. Ferm. Spallanzani* 3:143-154.

Ruhil,K., Ahmad, S.A., Iqbal, M., Tripathy, B.C. (2014) Respostas de fotossíntese e crescimento de plantas de mostarda (*Brassica juncea* L. CV Pusa Bold) ao enriquecimento de dióxido de carbono no ar livre (FACE). *Springer science* 252:935-946.

Saha,S., Sehgal,V.K., Chakraborty ,D., Pal,M. (2013) Growth Behaviour of Kabuli Chickpea under Elevated Atmospheric CO_2 *Journal of Agricultural Physics* 13(10): 55-6.

Sahoo, S., Panneerselvam, P., Chowdhury, T., Kumar, A., Kumar, U., Jahan, A., Senapati, A., Anandan, A. (2017) Compreender a associação de fungos AM em arroz inundado sob condições elevadas de CO_2. Oryza 54(3):290-297.

Saito, A. M., Peixoto, C. A. e Cabral, F. A. (2004) Modelagem do equilíbrio de fases do destilado de ácido graxo de palma e dióxido de carbono supercrítico. V encontro brasileiro de Fluidos Supercríticos.94-115.

Samrakoon, A.B. and Giffard, R.M. (1996) Elevated CO_2 effect on water use and growth of maize in wetand drying soil. Australian Journal of plant physiology 167:96-102.

Sarathambal,C., Rathore,M., Jaggi,D., Kumar,B. (2016) Resposta das enzimas do solo ao CO_2 elevado e à temperatura em ervas daninhas associadas ao sistema de cultivo de arroz-trigo. Indian Journal of Weed Science 48(1): 29-32.

Sarvamangala, C., Gowda, M. V. C., Varshney, R. K. (2011) Identificação de loci de caraterísticas quantitativas para o teor de proteína, teor de óleo e qualidade do óleo do amendoim (Arachis hypogaea L.). Field Crops Res. 122:49-59.

Saurav,S., Debashis, C., Latab, Madan, P. e Shantha, N. (2011) Impacto do CO_2 elevado na utilização da humidade do solo e parâmetros biofísicos associados do solo na ervilha-de-angola (cajanus cajan L.). Agri. Eco. Environ 142: 213-221.

Schapendonk, H.C.M., Oijen,M.V., Dijkstra,P., Pot,C.S., Jordiwilco, J.R.M., Stoopen,G.M., (2000) Effects of elevated CO_2concentration on photosynthetic acclimation and productivity of two potato cultivars grown in open-top chambers. Aust. J. Plant Physiol. 27: 1119-1130.

Schorteyer, M., Atkin, O.K., Mcfarlane, N., Evan, J.R., (2002) A fixação de N por espécies de Acacia aumenta sob CO_2 atmosférico elevado. Planta, Célula e Ambiente 25: 567-579.

Seneweera P.S., Conroy J.P. (2004) Enhanced leaf elongation rates of wheat at elevated CO_2, is it related to carbon and Nitrogen dynamics with in the growing leaf blade Environmental and experimentalBotany 1490:1-9.

Seneweera,S. (2011). Efeitos do CO_2 elevado no crescimento das plantas e na partilha de nutrientes do arroz (Oryza sativa L.) no perfilhamento rápido e na maturidade fisiológica. Journal of Plant Interactions 6(1): 35-42.

Shankar,S,K., Vanaja, M., Jyothi Lakshmi. N (2015) Efeito da concentração elevada de CO_2 atmosférico na qualidade dos nutrientes de diferentes genótipos de milho. Revista académica de agricultura e ciências veterinárias 2(1A):9-12.

Sharma,N., Sinha,P.G., Bhatnagar,A.K. (2014) Effect of elevated CO_2 on cell structure and function in seed plants. Mudanças Climáticas e Sustentabilidade Ambiental 2(2): 69-104.

Shenolikar, I. (1980) Fatty-acid profile of myocardial lipid in populations consuming different dietaryfats. Lipids New phytology 15:980-982.

Shwetha,A., Sreenivasa A. G., Ashoka, J., Nadagoud,S., Kuchnoor,P.H. (2017) Efeito das alterações climáticas no crescimento do amendoim (Arachis hypogaea L.) Revista Internacional de biociência pura e aplicada 5 (6): 985-989.

Sillen, W. M. A., Dieleman, W. I. J. (2012). Efeitos do CO_2 elevado e da fertilização com N nos reservatórios de carbono da planta e do solo de pastagens gerenciadas: uma meta-análise. Bio geociências 9: 2247-2258.

Singh, S. K., Barnaby, J. Y., Reddy, V. R., Sicher, R. C. (2016) Resposta variável da concentração e do rendimento de elementos minerais, hidratos de carbono, ácidos orgânicos, aminoácidos, proteínas e óleo de sementes de soja à fome de fósforo e ao enriquecimento de CO_2. Front. Plant Sci. 7:1967.

Sinsabaugh, R.L., Moorhead, D.L. (1994) Resource allocation to extracellular enzyme production: a model for nitrogen and phosphorus control of litter decomposition. *Soil Biol Biochem* 26:1305-1311.

Sionit, N., Strain, B. R., e Flint,E. P. (1987) Interação da temperatura e do enriquecimento de CO_2 na fotossíntese da soja e na produção de sementes Can. J. *Plant Sci.* 67:629-636.

Smith, S.D., Huxman,T.E., Zitzer,S.F., Charlet,T.N., Housman,D.C., Coleman,J.S., Fenstermaker,L.K.,Seemann,J.R.,Nowak,R.S. (2000) Elevated CO_2 increases productivity and invasive species success in an arid ecosystem *nature vol* 408.

Speir, T. W. (1978) Studies on a climosequence of soils in Tussock grassland. II. Actividades da urease, fosfatase e sulfatase dos solos de topo e sua relação com outras propriedades do solo, incluindo o enxofre disponível para as plantas. *New Zealand Journal of Science* 20:159-166.

Sreenivasa,S., Ashoka,A.G., Nadagoud,J.,S. e Kuchnoor,P.H.(2017) Efeito das alterações climáticas no crescimento do amendoim (*Arachis hypogaea* L.), *Int. J. Pure App. Bio sci.* 5(6): 985-989.

Srivastava, G.C., Pal, M., Das, M., Sengupta, U.K. (2001) Growth, CO_2 exchange rate and drymatter partitioning in mungbean (*Vigna radiata* L.) grown under elevated CO_2. *Indian J. Exp. Biol* 39: 572- 577.

Stanciel, K., Mortley, D.G., Hileman, D.R., Loretan, P.A (2000) Growth, Pod, and Seed Yield, and Gas Exchange of Hydroponically Grown Peanut in Response to CO_2 Enrichment. *American Society for Horticultural Science* 35(1):49-52.

Streck,N.A. (2005) Climate change and agro ecosystems the effect of elevated atmospheric CO_2 and temperature on crop growth, development, and yield. *Ciencia rural* 35: 730-740.

Subbiah, B.V. e Asija, G.L. (1956). Um procedimento rápido para a estimativa do azoto disponível nos solos. *Corr. Sci.* 25: 259-260.

Sun,J., Xia,Z., He,T., Dai,W., Peng,B., Liu,J., Gao,D., Jiang,P., Han,S., Bai,E. (2017) Dez anos de CO_2 elevado afetam os fluxos de gases de efeito estufa do solo em um experimento de câmara superior aberta. *Plant Soil* 420: 435-450.

Sun,P., Mantri,N., Lou,H., Hu,Y., Zhu,Y., Dong,T., Lu,H. (2012) Efeitos do CO_2 elevado e da temperatura no rendimento e na qualidade dos frutos do morango (*Fragaria* x *ananassa Duch.*) em dois níveis de aplicação de azoto. *PLoS ONE* 7(7): 41000.

Tabatabai, M.A. e Bremner,J.M (1969) utilização de p-nitrofenil fosfato para o ensaio da atividade de fosfatase do solo. *Soil biol. Biochem,* 1: 301-307.

Tabatabai, M.A. e Bremner,J.M (1972) ensaio da atividade da urease no solo. *Soil biol. Biochem* 4(4): 479-487.

Taub, D.R., Miller, B., Allen, H. (2008) Effects of elevated CO_2 on the protein concentration of food crops: a metaanalysis. *Glob. Chang. Biol* 14:565-575.

Taub,D.R., Miller,B., Allen,H. (2007) Effects of elevated CO_2 on the protein concentration of food crops: a metaanalysis. *Global Change Biology*, 14: 565-575.

Thinh,N.C., Shimonoa,H., Kumagai, E., Kawasaki,M. (2017). Efeitos da concentração elevada de CO_2 no crescimento e fotossíntese do inhame chinês sob diferentes regimes de temperatura, Ciência da Produção Vegetal 20 (2): 227-236.

Tiwari, P.N. e Burk, W. 1980. Seed oil determination by pulsed nuclear magnetic resonance without weighing and drying seeds. Journal of American oil chemist society, 57:1-10.

Tu,C., Booker,F.L., Burkey,K.O., Hu,S. (2009) Dióxido de Carbono Atmosférico Elevado e O3 Alteram Diferencialmente a Aquisição de Nitrogénio no Amendoim. Crop Science Society of America. 49:1827-1836.

Uprety, D.C., Sen S. e Dwivedi N. 2010. Rising atmospheric Carbon dioxide on grain quality in crop plants (Aumento do dióxido de carbono atmosférico na qualidade dos grãos das plantas cultivadas). Physiol Mol Biol plants. 16 (3):215-227.

Uprety, D.C., Sen, S., Dwivedi, N. (2010) Rising atmospheric carbon dioxide on grain quality in crop plants. Physiol. Mol. Biol. Plants 16: 215-227.

Vaidya, S., M, Vanaja. P, Sathish. P, Vagheera. Y, Anitha. P, Sowmya. Jaineder, N Lakshmi Jyothi (2014). Impacto do CO_2 elevado no crescimento e nos parâmetros fisiológicos dos genótipos de amendoim (Arachis hypogaea L.), J Plant Physiol Pathol 45: 3: 18.

Vanaja, M., Maheswari, M., Jyothi Lakshmi, N., Sathish, P., Yadav, S.K,. Salini ,K,.Vagheera,P., Kumar, V. G., e Razak,A. (2015) Variabilidade na resposta de crescimento e rendimento de genótipos de milho em concentração elevada de CO_2. Avanços na pesquisa de plantas e agricultura 2 (2): 00042.

Vanaja, M., Maheswari, M., Ratnakumar,P. e Ramakrishna, Y.S. (2006) Monitorização e controlo das concentrações de CO_2 em câmaras de topo aberto para uma melhor compreensão da resposta das plantas a níveis elevados de CO_2. Indian J. Radio Space. 35: 193--197.

Vanaja, M., P. Raghuram Reddy, N. Jyothi Lakshmi, M. Maheswari, P. Vagheera, P. Ratnakumar (2007) Effect of elevated atmospheric CO_2 concentrations on growth and yield of black gram (Vigna mungo L.) Hepper) - A rainfed pulse crop. Plant Soil Environ. 53(2):81-8.

Vanaja, M., P.Ratnakumar, Raghuram Reddy, P., Jyothi Lakshmi, N., S.K.Yadav, Maheshwari, M. & Venkateswarlu, B (2011). Rendimento e índice de colheita de leguminosas de grão de curta e longa duração com o dobro dos níveis de CO_2 ambiente. Indian Jour. of Agric. Sci. 81 (7): 666-668.

Vanaja,M., Reddy, P.R. Ram., Lakshmi, N.J., Abdul Razak,S.K., Vagheera,P., . Archana,G., Yadav,S.K., Maheswari,M., Venkateswarlu,B.(2010) Response of seed yield and its components of red gram (Cajanus cajan L. Millsp.) to elevated CO_2, Plant soil environ 56 (10): 458-462.

Vanaja,M., Reddy,P.R., Lakshmi,N.J., Maheswari,M., Vagheera,P., Ratnakumar,P., Jyothi,M., Yadav,S.K., Venkateswarlu,B. (2007) Effect of elevated atmospheric CO_2 concentrations on growth and yield of blackgram (Vigna mungo L. Hepper) - a rain fed pulse crop, Plant soil environ 53 (2): 8188.

Vanaja,M., Vagheera,P., Satyavathi,P., Sathish,P., Vijay Kumar,G., Anitha,Y.(2015) Interação de CO_2 elevado e stress de humidade no crescimento e rendimento da grama preta International Journal of Applied Biology and Pharmaceutical Technology 6: 1-173.

Vanuytrecht,E., Raes,D., Willems,P., Geerts,S. (2012) Quantificação dos efeitos à escala do campo da concentração elevada de dióxido de carbono nas culturas. Investigação sobre o clima 54:35-47.

Vasudev, S., Yadava, D.K., Malik, D., Tanwar, R.S., e Prabhu, K.V. (2008) A simplified method for fatty acid analysis of oilseed. Division of genetics; division of agricultural chemicals, Indian agricultural research institute, Nova Deli -110-012.

Ved,P., Dwivedi,S.K., Kumar,S., Mishra,J.S., Rao,K.K., Singh,S.S., Bhatt,B.P (2017) Efeito do CO_2 elevado e da temperatura no crescimento e rendimento do trigo cultivado em clima sub-húmido da planície oriental do Indo-Gangético (IGP) Mausam 68(3): 499-506.

Venkatewarlu, (2010) Impact, Adaptation and Vulnerability of Indian Agriculture to Climate Change Central Research Institute for Dry land Agriculture Santosh nagar, Hyderabad - 20:500-059, Andhra Pradesh.

Vicca, S., Zavalloni, C., Ysh,F., Votes, L., Dupre, D.B.H., Declerck, S., Ceulemans, R., Nijs, I. e Janssens, I.A., (2009) Arbuscular Mycorrhizal fungi may mitigate the influence of a joint rise of temperature and atmospheric CO_2 on soil respiration in grassland. J. Ecol 45:209-768.

Walkley, A. e Black, I.A. (1934) Estimation of soil organic carbon by chromic acid titration method. Soil Science 37: 29-38. Yang, L.X. Huang, H.Y. e Yang, H.J. (2007) Mudanças sazonais nos efeitos do enriquecimento de CO_2 ao ar livre (FACE) na absorção e utilização de azoto pelo arroz em três níveis de fertilização com N. Field Crops Research. 100:189-199.

Wang, X., Wei, X., Wu, G., Chen, S., (2020) Aplicações elevadas de nitrato ou amónio aliviaram o declínio fotossintético das mudas de Phoebe bournei sob dióxido de carbono elevado. Ciência das plantas 33: 101-110.

Watson, D.J. 1958. The dependence of net assimilation rate on leaf area index (A dependência da taxa de assimilação líquida do índice de área foliar). Annals of Botany, 22:37-52.

Weber, C.F., Zak, D.R., Hungate, B.A., Jackson, R.B., Vilgalys, R., Evans, R.D., Schadt, C.W., Williams, A., Pétriacq, P., Beerling, D.J. Anne Cotton, T.E., Ton, J. (2018) Impactos do CO_2 atmosférico e do valor nutricional do solo nas respostas das plantas à colonização da rizosfera por bactérias do solo. Fronteiras em Ciência das Plantas 9:1493.

William, E.H., Zak,D.R., Pregitzer,K.S., King,J.S (2018) Elevated CO_2 and O3 Alter Soil Nitrogen Transformations beneath Trembling Aspen, Paper Birch, and Sugar Maple. Ecossistemas 9: 1354- 1363.

Wlodarczyk₁ T. Stępniewski, W. & Brzezmska, M. (2002) Dehydrogenase Activity, Redox Potential, and Emissions of Carbon Dioxide and Nitrous Oxide From Cambisols Under Flooding Conditions. Biology & Fertility of Soils, 36: 200-206

Wu, D. X., Wang, G. X., Bai, Y. F., Liao, J. X. (2004) Efeitos da concentração elevada de CO_2 no crescimento, utilização da água, rendimento e qualidade do grão de trigo em dois níveis de água no solo. Agric. Ecosyst. Environ. 104:493-507.

Wu,D,X., Wang,G,X., Bai,Y,F., Liao,J,X. (2004) Efeitos da concentração elevada de CO_2 no crescimento, utilização da água, rendimento e qualidade do grão de trigo em dois níveis de água no solo. Agriculture, Ecosystems and Environment 104: 493-507.

Xuefeng, L., Shijie,H., Zhongling ,G., Diankun, S e Lihua,X., (2010) Alterações no carbono da biomassa microbiana do solo e nas actividades enzimáticas sob CO_2 elevado afectam os processos de decomposição de raízes finas num ecossistema de carvalho da Mongólia. Soil biol. Biochem 42: 1101-1107.

Xuexia,Y., Xiangui,L., Haiyan,C., Rui,Y., Huayong,Z., Junli,H., Jianguo,Z., (2006) Effects of elevated atmospheric CO_2 on soil enzyme activities at different nitrogen application treatments. Ata Ecologica *Sinica 26(1):* 48-53.

Yadav,SK., Vanaja,M., Reddy,PR., Jyothilakshmi, N., Maheswari, M., Sharma ,K. L., Venkateswarlu, B. (2011) Efeito de níveis elevados de CO_2 em alguns parâmetros de crescimento e na qualidade das sementes de amendoim (Arachis hypogaea L.), *Indian J Agric Biochem* 24 (2): 158-160.

Yao,B., Hu,Q., Zhang,G., Yi,Y., Xiao,M., Wen,D., (2020) Efeitos da concentração elevada de CO_2 e da adição de azoto na respiração do solo num microcosmo florestal experimental contaminado com Cd. *Revista Forests* 11: 260-264.

Yu, Z., Rizvi, S., Zollweg, J., (1992) Phase equilibria of oleic acid, methyl oleate and anhydrous milk fat in supercritical carbon dioxide. *The J. of Supercritical Fluids*, 5:114-124.

Zak, D.R., Pregitzer, K.S., King, J.S., Holmes, W.E. (2000) Elevated atmospheric CO_2, fine roots and the response of soil microorganisms: a review and hypothesis. *New Phytol* 147:201-222.

Zapata, F., Danso, S.K.A., Hardarson, G., Fried, M. (1987) Time course of nitrogen fixation in field-grown soybean using nitrogen-15 methodology. *Agron. J.* 79:172-176.

Zhang, L., Wu, D., Shi, H., Zhang, C., Zhan, X., Zhou, S. (2011) Efeitos do CO_2 elevado e da adição de N no crescimento e na fixação de N2 de um subarbusto de leguminosas (*Caragana microphylla* Lam.) em pastagens temperadas na China. *PLoS ONE* 6(10):26-42.

Zhao, S., Zhang, S. (2018) Ligações entre a taxa de decomposição da palha e a mudança nas fracções microbianas e actividades enzimáticas extracelulares em solos sob diferentes tratamentos de fertilização a longo prazo. *PLoS ONE* 13(9): 202-260.

Zheng, G., Chen,J., Li,W. (2019). Impactos da elevação de CO_2 na fisiologia e na qualidade das sementes de soja, *Journal Pre-proof* 33: *1-22*.

Zheng, G., Chen,J., Li,W., (2020) Impactos da elevação de CO_2 na fisiologia e na qualidade das sementes de soja. *Diversidade Vegetal* 42(1): 44-51.

Zheng,Y., Li,F., Hao, L., Yu,J., Guo, L., Zhou, H., Ma,C., Zhang, X., Xu,M.(2019) A concentração elevada de CO_2 induz a desregulação fotossintética com alterações na estrutura da folha, hidratos de carbono não estruturais e teor de azoto BMC Plant Biology of soybean, 19:255-260.

Ziska, L.H. e Bunce, J.A. (2000) Sensitivity of field-grown future atmospheric dioxide: Can we select for improved productivity in the 21st century? *Aust. J. Plant Physiol,* 27:979- 984.

Ziska, L.H., Bunce, J.A., Caulfield, F.A. (2001) Rising atmospheric carbon dioxide and seed yield of soybean genotypes. *Crop Science* 41:385- 391.

Ziska, L.H., Manalo,P.A. And Ordonez, R.A. (1996) Variação intra-específica na resposta do arroz (*Oryza sativa* L.) ao aumento do CO_2 e da temperatura: Resposta de crescimento e rendimento de 17 cultivares. *J. Exp Bot.* 47:1353-1359.

Ziska, L.H., Morris, C.F., Goins, E.W. (2004) Quantitative and qualitative evaluation of selected wheat varieties released since 1903 to increasing atmospheric carbon dioxide: can yield sensitivity to carbon dioxide be a fator in wheat performance? *Global Change Biology* 10:1810-1819.

APÊNDICE

ANÁLISE DO APÊNDICE
DE VARIAÇÃO

Apêndice I: Análise de variância (MSS) para parâmetros de crescimento de genótipos de amendoim

População inicial e final de plantas/$6m^2$

Fonte de variação	D.F.	População inicial	População final
Variedades	4	0.20	1.00
CO2	3	0.067*	2.40*
Erro	12	0.067	0.567

Apêndice-II: Análise de variância (MSS) para parâmetros de crescimento de genótipos de amendoim

		Altura da planta (cm) a	t 30,60 e 90 DAS	
Fonte de variação	D.F.	30 DAS	60 DAS	90 DAS
Variedades	4	4.52*	7.21	7.79
CO2	3	2.92	18.91*	16.61*
Erro	12	0.07	1.01	1.15

*Significativo a um nível de significância de 5%

Apêndice-III: Análise de variância (MSS) para parâmetros de crescimento de genótipos de amendoim

N.º de ramos/planta aos 30, 60 e 90 DAS

Fonte de variação	D.F.	30 DAS	60 DAS	90 DAS
Variedades	4	0.403	0.512	0.957
CO2	3	0.577*	1.197*	1.767*
Erro	12	0.057	0.091	0.133

*Significativo a um nível de significância de 5%

Apêndice-IV: Análise de variância (MSS) para parâmetros de crescimento de genótipos de amendoim

		N.º de nódulos/planta aos 45, 60 e 90 DAS		
Fonte de variação	D.F.	30 DAS	60 DAS	90 DAS
Variedades	4	0.325	0.500	5.050
CO2	3	28.183*	27.117*	17.383*
Erro	12	0.392	0.700	1.717

*Significativo a um nível de significância de 5%

Apêndice V: Análise de variância (MSS) para parâmetros de crescimento de genótipos de amendoim

	Dias até 50 % de floração e 50 % de maturação		
Fonte de variação	D.F.	50 % de floração	50 % de maturidade
Variedades	4	0.286	2.550
CO2	3	2.732*	12.467*
Erro	12	0.146	1.050

Apêndice-VI: Análise de variância (MSS) para parâmetros de crescimento de genótipos de

*Significativo a um nível de significância de 5%

amendoim

Teor de clorofila a, b e clorofila total (mg/gm) aos 45 DAS				
Fonte de variação	D.F.	Clorofila a	Clorofila b	Clorofila total
Variedades	4	0.0919	0.0367	0.2317
CO2	3	0.3416†	**0.0933***	**0.7821***
Erro	12	0.0059	0.0100	0.0253

*Significativo a um nível de significância de 5%

Teor de clorofila a, b e clorofila total (mg/gm) aos 60 DAS

Fonte de variação	D.F.	Clorofila a	Clorofila b	Clorofila total
Variedades	4	1.**4295***	0.4237	3.3441
CO2	3	1.1267	1.**8797***	5.**8323***
Erro	12	0.0878	0.0726	0.1817

*Significativo a um nível de significância de 5%

Teor de clorofila a, b e clorofila total (mg/gm) aos 90 DAS

Fonte de variação	D.F.	Clorofila a	Clorofila b	Clorofila total
Variedades	4	0.0625	0.0152	3.1377
CO2	3	0.**1959***	0.**0227***	0.**3501***
Erro	12	0.0048	0.0008	0.0083

*Significativo a um nível de significância de 5%

Apêndice-VII: Análise de variância (MSS) para rendimento e atributos de rendimento de genótipos de amendoim

Fonte de variação	D.F.	rendimento e atributos do rendimento	
		N.º de vagens/planta (gm)	Peso da vagem/planta (gm)
Variedades	4	17.300	3.735
CO2	3	26.**333***	11.**396***
Erro	12	1.167	0.616

*Significativo a um nível de significância de 5%

Fonte de variação	D.F.	rendimento e atributos do rendimento	
		100- peso do grão (gm)	Descasque (%)
Variedades	4	26.**825***	31.**332***
CO2	3	12.067	15.642
Erro	12	0.358	3.899

*Significativo a um nível de significância de 5%

Fonte de variação	D.F.	rendimento e atributos do rendimento		
		Som maduro grão (%)	Índice de colheita	Rendimento de grãos/planta (gm)
Variedades	4	106.**708***	7.**212***	15.3412
CO2	3	28.332	5.392	30.**2419***
Erro	12	1.000	1.164	1.0114

Fonte de variação	D.F.	rendimento e atributos do rendimento		
		Rendimento a granel/planta (gm)	Produção de vagens/planta (gm)	Rendimento biológico/planta
Variedades	4	242.98	23.714	417.97
CO2	3	383.14‡	57.**520***	733.**69***

†Significativo a um nível de significância de 5%
‡Significativo a um nível de significância de 5%

Erro	12	14.64	1.700	24.04

*Significativo a um nível de significância de 5%

Apêndice-VIII: Análise de variância (MSS) para os parâmetros de qualidade dos genótipos de amendoim

Parâmetros de qualidade			
Fonte de variação	D.F.	Teor de proteínas (%)	Rendimento proteico/planta (gm)
Variedades	4	5.576	21004.2
CO_2	3	9.**067***	14281.**4***
Erro	12	2.216	862.0

*Significativo a um nível de significância de 5%

Parâmetros de qualidade (%)			
Fonte de variação	D.F.	Teor de óleo (%)	Rendimento de óleo/planta (gm)
Variedades	4	19.**110***	81883.**5***
CO_2	3	4.773	80552.6
Erro	12	1.297	2336.8

*Significativo a um nível de significância de 5%

Composição em ácidos gordos (%)			
Fonte de variação	D.F.	Ácido oleico	Ácido linoleico
Variedades	4	56.438	6.200
CO_2	3	30.**661***	14.**400***
Erro	12	5.007	3.182

*Significativo a um nível de significância de 5%

Apêndice-IX: Análise de variância (MSS) para a atividade enzimática do solo dos genótipos de amendoim

atividade enzimática do solo					
Fonte de variação	D.F.	Desidrogenase (TPF/hr/g/solo)		Atividade da urease (µg/hr/g solo)	
		30 DAS	60 DAS	30 DAS	60 DAS
Variedades	4	0.0000	0.0155	0.0006	0.00068
CO_2	3	0.**3873***	1.**9295***	0.**0018***	0.**00769***
Erro	12	0.0320	0.0784	0.0000	0.00006

*Significativo a um nível de significância de 5%

atividade enzimática do solo					
Fonte de variação	D.F.	Carbono da biomassa microbiana (µ/g de solo)		Fosfatase alcalina (µg/hr/g solo)	
		30 DAS	60 DAS	30 DAS	60 DAS
Variedades	4	129.70	153.37	2.303	9.936
CO_2	3	4983.**6***	799.**90***	13.**862***	186.**083***
Erro	12	10.12	9.21	0.409	0.670

Microflora (bactérias, fungos, actinomicetos)							
Fonte de variação	D.F.	Bactérias ([105] UFC g^{-1} solo)		Fungos ([103] UFC g^{-1} solo)		actinomicetos (10^4 CFU g^{-1} solo)	
		30 DAS	60 DAS	30 DAS	60 DAS	30DAS	60 DAS
Variedades	4	1.08	1.45	0.875	0.875	1.93	3.20
CO_2	3	1451.25§	905.**52***	9.**650***	8.**717***	426.**18***	348.**40***
Erro	12	0.38	0.52	0.275	0.342	0.73	1.07

§Significativo a um nível de significância de 5%

Namrata Chouhan, a autora desta tese, nasceu a 8th de dezembro de 1996 no distrito de Khargone (MP). Passou o exame do ensino secundário no MP Board, obtendo a primeira posição com 71,5% no ano de 2012. Passou no exame do ensino secundário superior em ciências com a primeira divisão (61,6%) do MP Board no ano de 2014.

No ano de 2014, ingressou na Mahatma Gandhi Chitrakoot Gramoday Vishwavidyalaya, Chitrakoot (Satna, M.P.) para o programa de Bacharelato em Agricultura e concluiu a sua licenciatura no ano de 2018 com um OGPA 78.2s9 numa escala de 10.0 pontos.

Após a graduação, ingressou no Mestrado em Agricultura no Departamento de Agronomia, RVSKVV (Gwalior) em 2018 e concluiu o trabalho do curso com um OGPA 7,39 em uma escala de 10,0. Durante o programa, ela escolheu um problema de pesquisa sobre " Produtividade, qualidade e fertilidade do solo do amendoim com dióxido de carbono elevado " para o trabalho de tese que foi devidamente realizado por ela em 2020 para cumprimento parcial do requisito para o grau de M.Sc. Ag.

Local: Gwalior　　　　(NAMRATA CHOUHAN)

Data:

I want morebooks!

Buy your books fast and straightforward online - at one of world's fastest growing online book stores! Environmentally sound due to Print-on-Demand technologies.

Buy your books online at
www.morebooks.shop

Compre os seus livros mais rápido e diretamente na internet, em uma das livrarias on-line com o maior crescimento no mundo! Produção que protege o meio ambiente através das tecnologias de impressão sob demanda.

Compre os seus livros on-line em
www.morebooks.shop

Printed by Books on Demand GmbH, Norderstedt / Germany